好快省发展

——武器装备升级改造

肖安琪　池建文　主编

国防工业出版社

·北京·

图书在版编目 (CIP) 数据

好快省发展：武器装备升级改造 / 肖安琪，池建文
主编 . —北京：国防工业出版社，2014.7
ISBN 978-7-118-09767-2

Ⅰ . ①好… Ⅱ . ①肖… ②池… Ⅲ . ①武器装备 – 升
级②武器装备 – 技术改造 Ⅳ . ① E92

中国版本图书馆 CIP 数据核字（2014）第 209055 号

※

国防工业出版社 出版发行

（北京市海淀区紫竹院南路 23 号　邮政编码 100048）
北京嘉恒彩色印刷有限责任公司印刷
新华书店经售

＊

开本 787 × 1092　1/16　印张 15³/₄　字数 230 千字
2014 年 7 月第 1 版第 1 次印刷　印数 1—3500 册　定价 120.00 元

―――――――――――――――――――――――――――――
（本书如有印装错误，我社负责调换）
国防书店：(010)88540777　　　发行邮购：(010)88540776
发行传真：(010)88540755　　　发行业务：(010)88540717

《好快省发展》
——武器装备升级改造

编 委 会

主 编:

肖安琪　池建文

副主编:

张信学　黄　冬　吴　镝

编写人员:

黄　冬	王　兵	沈　卫	郭道平
崔德勋	黄　峰	陈　萱	李浩悦
吕　强	陈　练	杨龙塾	张义农
王桂波	刘小平	朱鹏飞	左艳军
郭隆华	王华荣	姜琳婕	张瑞萍
陈永新	谢　婧	王昌强	王　鑫
于宪钊			

前言
FOREWORD

　　解决军事手段与军事需求不相适应的矛盾，是武器装备建设的永恒主题。武器装备建设是军事对抗过程的组成部分，其目的是谋求全局或局部的军事优势。在现代科技条件下，决定军事对抗能力优劣的一个根本因素是武器装备的技术性能。因此，如何以最快的节奏保持武器装备的技术优势，是武器装备建设途径选择的一个基本问题。与此同时，武器装备建设与使用是国家资源的耗费过程，即通过消耗全民经济社会资源，来换取国家的安全。因此，如何以最少的资源投入获得最大的军事效益，是武器装备建设途径选择的另一个基本问题。

　　武器装备升级改造通过采用新的技术成果，如新的系统、部件器件、软件等，改变现役或处于采办过程中（在研在建）的武器装备的性能或功能，是解决上述两个基本问题的有效途径，即：升级改造可以将先进技术以最快速度植入武器系统中，使其迅速转化为新的战斗力，并灵活适应新出现的作战需求；可以降低武器装备建设的成本和风险。外军的实践证明，升级改造是好、快、省地建设武器装备的一条重要途径。

　　我国武器装备建设正处于重要的发展时期，需要借鉴国外武器装备的发展道路和经验，实现更好、更

快、更省的发展。为此，我们在对国外武器装备升级
改造进行了深入研究的基础上，以实际案例为牵引，
编辑出版了《好快省发展——武器装备升级改造》一书。
希望通过本书，不仅能够为我军武器装备管理机关规
划武器装备发展提供参考，也能够为武器装备升级改
造具体实施部门选择正确的技术路线提供借鉴。

在本书编写过程中，我们得到了多家单位的大力
支持，很多专家在本书编写过程中给予了宝贵的意见
和建议，在此对他们的帮助和指导表示衷心感谢。

我们希望通过本书，让读者详细了解国外武器
装备升级改造的全过程。但鉴于资料的局限性和作者
水平所限，书中内容难免存在偏颇之处，诚请读者批
评指正。

编　者
2013 年 12 月

目录

CONTENT

第一章
绪 论

第一节 武器装备升级改造的内涵与类型

升级改造和新研新制是武器装备发展的两条基本途径，各有特点、相辅相成。就升级改造而言，不仅涉及的内容非常广泛，形式也非常多样化。从对象和内容来看，武器装备升级改造主要可以分为三种类型，即现役装备改造、同型号后续批次改进、已有型号设计的改型，简称为改造、改进和改型。在这里，我们将改造、改进、改型都统称为武器装备的升级改造。

1. 改造

改造是利用新技术，改造现役装备，提升技术性能，扩展、改变使用功能，延长使用寿命。改造的具体表现形式为现役武器系统的改装、翻新、延寿。

武器装备进行改造主要是由于装备在使用过程中，会逐步暴露出一些原始不足；或在服役一定时期后，出现技术落后或性能下降；或新出现的军事需求要求改变功能等。为此，改造是保持武器装备全寿期内技术或作战能力先进性的一种必然选择，如同给现役武器装备注入"活化剂"，可以使其维持或增添威力，甚至达到与新列装装备相同的作战能力。

美国"斯普鲁恩斯"级驱逐舰从1986财年的大修开始，进行了一系列的改装，包括：

◇ 将前甲板八联"阿斯洛克"反潜导弹部位改装为8个模块组成的MK41-0型导弹垂直发射系统；

◇ 增加干扰和迷惑系统；

◇ 直升机平台加装直升机安全回收与搬运系统；

◇ 加装AN/SQR-19战术拖曳阵声纳；

◇ 装备SQQ-89综合反潜战系统；

◇ 艉部加装"拉姆"舰空导弹发射装置。

一系列的现代化改装，使"斯普鲁恩斯"级驱逐舰在保留／提升反舰和反潜能力的基础上，大幅提升了防空能力，射程超过160km的"标准"-2导弹使其可遂行区域防空任务。

图1-1 "斯普鲁恩斯"级驱逐舰

在升级改造的三种类型当中，改造在武器装备发展中最为普遍和常见。舰艇、飞机、坦克装甲车辆、导弹、电子信息系统等大多数武器系统在全寿期内都会经历这种类型的升级改造。主战舰艇在30年左右的服役期内都会经过一次以上大规模改装以及多次小改装，其中大规模改装一般在服役中期进行。

美国陆军为打造重型旅战斗部队，对其核心装备"布雷德利"步兵战车进行第四次重大改造，涉及346辆"布雷德利"A3型战车和260辆M2A2"沙漠风暴"型战车，主要内容是对车辆进行翻新、维修，安装抗简易爆炸装置型装甲、"布雷德利"城市生存力套件以及其他能够增强士兵防护性能的工程改进设计，目的是降低部队战斗使用成本、替换战损车辆和增强部队战备能力。

2. 改进

改进是采用新的技术成果和方案，提高和完善同型号后续武器装备的性能与功能，具体表现为通过批次化生产，实现武器装备性能的不断提升。

改进在现代武器装备发展中的应用日益增多，加速了新技术向作战能力转化，实现了新研武器装备性能与技术进步成果的及时融合。现代采办制度的发展为武器装备改进创造了条件，特别是美国在 21 世纪确立的渐进式采办制度将以往的一步到位式武器装备采办过程分为多个批次进行，使得武器装备可以根据技术的发展、需求的变化以及以前批次的使用经验，对后续批次进行技术改进和完善，在不断提升其战技性能的同时，也有效避免了一步到位式采办所带来的技术风险和使用时间的拖后。

> 美国陆军"神剑"155mm 制导炮弹采用了渐进式发展。
>
> ◇ 首先发展的 Block Ia-1 型为基础设计方案，不加装底排装置，发射时只能使用 4 个模块化发射装药，最大射程仅 24km，在战场上使用的可靠性仅有 85%。
>
> ◇ 随后改进的 BlockIa-2 型加装了底排装置，可以使用 5 个模块化发射装药，射程提高到 30 ～ 40km，并采用了抗干扰性能更好的 SAASM GPS 接收机，作战可靠性提高到 85% 以上。
>
> ◇ 最新发展的 Block Ib 型通过对弹底进行重新设计和升级控制软件，作战可靠性提高到 90% 以上，精度（圆概率偏差）从 Block Ia-2 型的 20 ～ 30m 提高到 20m 以内。
>
> ◇ 未来，Block Ib 型还将增加激光半主动末制导导引头，使其具备精确打击点目标的能力。

改进在平台、武器、设备等各种类型的装备上都有体现。例如，美国"战斧"巡航导弹分多个批次生产，每个生产批次在性能上都有提升，其中 Block2 对软件进行了改进，Block3 对制导、动力系统和战斗部进行了改进，Block4、Block5 以及合并后的"战术战"斧提升了智能化程度，可以打击移动目标。

N/SPS-48 舰载雷达是美国海军大型水面舰艇大量装备的一种三坐标远程对空搜索雷达。该雷达自 1965 年装备以来经历多次改进，形成了 5 种型号：AN/SPS-48A、AN/SPS-48B、AN/SPS-48C、AN/SPS-48E、AN/SPS-48F，每次改进都拓展了原有功能，以适应现代海战的需求。AN/SPS-48 雷达的主要功能是提供空中目标的三坐标数据以及给武器控制系统提供目标指示，大量装备在配有舰对空导弹的舰艇上，雷达由 ITT 公司生产。1970 年，

ITT公司将AN/SPS-48A雷达升级改造为AN/SPS-48C雷达，增加了自动探测与跟踪功能。1978年，根据美国海军制定的"新威胁改进"（NTU）计划，ITT公司开始将AN/SPS-48C雷达升级为AN/SPS-48E雷达，通过采用计算机、固态器件、脉冲多普勒技术等多种手段，具备了在电子干扰及杂波环境中探测巡航导弹等小目标的能力，并能同时完成整个舰队的监视、跟踪和武器制导任务。AN/SPS-48E雷达于1985年开始服役，装备于大部分导弹巡洋舰、驱逐舰、护卫舰以及两栖指挥舰上。

3. 改型

改型是根据作战需求的不同，改变已有武器装备型号的设计，衍生出新的型别，使其具备新的用途。改型的具体表现形式为在原有武器装备的基础上发展出不同用途的装备。

武器装备改型发展的优势在于，不仅可以降低武器装备的研发风险，缩短研制周期，加快战斗力形成，还可使武器装备的发展保持延续性，减少过多的型号给部队带来训练、使用、技术与后勤保障上的不便，从而降低武器装备的全寿期费用。通过这种形式发展出不同作战功能或不同作战能力的新型别，形成"同一型号、不同型别"的发展模式。

改型以衍生发展为主要表现形式，常见于坦克装甲车辆、舰艇、飞机等平台上，也是主要军事国家武器装备建设的惯用做法。

美国海军利用"斯普鲁恩斯"级驱逐舰的船体设计，发展了"基德"级驱逐和"提康德罗加"级巡洋舰，三者的船长和船宽相同，总体布置也极为相似，只是由于任务使命的差异，配备了不同的武器装备，满载排水量也不相同。美国在F/A-18F"超级大黄蜂"双座舰载战斗/攻击机基础上衍生发展了EA-18G"咆哮者"电子战飞机。

以色列在"梅卡瓦"主战坦克底盘的基础上，通过拆除炮塔、安装跳板式尾门、改进车体尾部等措施，将其改造成为一款可搭载3名乘员外加8名载员的重型装甲人员输送车，以满足以色列国防军对高防护性装甲人员输送

图1-2 F/A-18F战斗机（左）和EA-18G电子战飞机（右）

车的需求。

第二节 武器装备升级改造发展态势

1. 升级改造已经成为外军武器装备的常态化发展方式

武器装备的升级改造历来受到主要军事国家的重视，但与新研新制相比，长期处于"配角"地位。冷战结束后，主要军事国家的武器装备建设进入一个稳定发展期。特别是经济持续低迷，造成经费大量缩减，新研新制的武器装备数量大幅减少，迫使这些国家更多地依赖武器装备的升级改造，来继续保持和提升作战能力，满足更加多样化的军事需求。升级改造逐渐演变成为武器装备一种常态化发展方式，美、俄、英等国纷纷制定武器装备升级改造发展计划，挖掘现役武器装备的潜力，提升战技性能。

● 美国

美国长期坚持新研新制和现役武器装备升级改造并举的方式来不断加强武器装备建设，保持绝对的军事优势。一方面，为适应新的作战需求，不断研发新型武器装备，以获得"无可匹敌"的军事能力，继续引领世界武器装备的发展。另一方面，由于新型武器装备的研发投入巨大，装备数量有限，很难在短期内全部取代现役装备，美国更多地着眼于未来二三十年的军事需求，有计划地全面推动各军种现有武器装备的升级改造，保持或不断提升现役武器装备的战技性能，以在装备规模和质量上来维系整个军队的作战能力。在美国的现行装备建设计划中，有超过30%的项目是对武器装备的改造、改进、改型。

陆军

美国 2010 版《陆军现代化战略》明确提出，未来美国陆军实现现代化目标的途径之一就是"不断推进装备现代化，通过对现役装备进行再投资改造和淘汰老旧装备，满足当前和未来的能力需求"。

在美国陆军 2012 财年预算中，升级改造的对象不仅包括"艾布拉姆斯"主战坦克、"布雷德利"步兵战车、"帕拉丁"自行榴弹炮、蓝军跟踪系统、"基奥瓦勇士"直升机、AN/TPQ-36 雷达系统、"爱国者"防空导弹系统等老旧装备，还包括"斯特赖克"8×8 轮式装甲车族等新近列装的装备，反映出美国陆军的升级改造已经不仅仅是针对现役老旧装备而言，而是已经延伸和扩展到所有的新老装备。

海军

美国海军在 2006 年颁布了《海军宙斯盾巡洋舰和驱逐舰现代化》项目，计划利用 20 年的时间、耗资 166 亿美元，对现役 62 艘"阿利·伯克"级"宙斯盾"驱逐舰和 22 艘"提康德罗加"级"宙斯盾"巡洋舰进行升级改造，将这些舰艇的服役期从 35 年延长至 40 年，并使其中 62 艘驱逐舰和至少 10 艘巡洋舰具备弹道导弹防御能力。重点是对舰艇船机电和作战系统进行升级改造，提高舰艇的自动化程度，减少人员以及运行费用，特别是将"宙斯盾"作战系统升级为开放式体系结构，大幅度减少系统日后升级的费用。

空军

在美国政府问责署（GAO）2010 年 3 月发布的《国防采办：部分武器项目评估》报告中，现役航空武器装备升级改造的项目数量远远超过了新研项目数量，包括 F-22 战斗机现代化计划、B-2 远程轰炸机先进极高频（EHF）卫星通信能力增量 I/II、C-5 战略运输机可靠性增长和换发计划（C-5 RERP）、C-130 战术运输机航空电子现代化计划、E-2D "先进鹰眼"预警机、EA-18G "咆哮者"电子战飞机、AH-64D "长弓阿帕奇" Block III 直升机、小直径炸弹（SDB）增量 II 和 AGM-88E 先进反辐射导弹（AARGM）等。

美国空军早在 2000 年就开始实施为期 15 年的北美防空司令部现代化计划，共投资 15 亿美元对位于北美防空司令部、北方司令部、战略司令部的 40 个防空、反导、空间监视 C^4I 系统中的雷达、计算机软硬件进行升级改造，并将它们集成为名为"作战指挥官综合指挥控制系统"的一体化系统。2010 年，美国空军决定继续实施北美防空司令部现代化计划，计划未来 10 年再投资 4.22 亿美元，用于固定式作战控制系统（BCS-F）的升级改造，提升其防空、反导、空间监视一体化指挥能力。

● 俄罗斯

俄罗斯将现役装备的升级改造列为近中期装备建设重点。2002 年，普京政府批准的《俄联邦 2010 年前武器装备发展规划》指出，俄军目前的装备发展处于过渡时期，可能要持续 10 ～ 15 年，期间必须维持现有装备，同时进行技术储备，保证在过渡期后进行换装。2006 年 1 月，俄罗斯发布了《国家武器计划 2015》，主要内容也是对现役武器装备的改造。俄军认为自己武器装备的基本性能优越，经过改造可以发挥更大的潜能。例如利用先进的计算机技术改造后，导弹一体化作战指挥系统的效能可以提高 20%，空军装备的战斗效能可以提高 15%，海军舰艇的战斗效能可以提高 30%，侦察火力系统的战斗效能可以提高近 25%。

《俄联邦 2010 年前武器装备发展规划》和《国家武器计划 2015》的改造重点：

陆军武器装备方面，主要包括 T-72 和 T-80 主战坦克、BMP-1 和 BMP-2 步兵战车、"旋风"和"冰雹"多管火箭炮，以及米-8、米-24 和米-28 直升机等的改造；

海军武器装备方面，重点强调延寿改造，已相继完成 965 型"现代"级驱逐舰和 D-Ⅳ级弹道导弹核潜艇的改造，使服役期延长了 10 ～ 15 年；

空军武器装备方面，主要包括图-160、图-95MS 和图-22M3 等轰炸机、苏-27SM 战斗机、苏-24M 攻击机、苏-25 强击机的改造，《国家武器计划 2015》还提出了米格-31BM 和伊尔-76MD 改进型发展计划；

导弹武器装备方面，正在实施老型号导弹的延寿计划，战略导弹通过改进飞行控制和瞄准系统、C^3I 系统，缩短瞄准时间、提高战备程度，增强突防能力，计划使 SS-19 和 SS-18 洲际战略导弹的作战能力再延续 10 年。

● 英国

英国在面临国内军费紧张的情况，加快了对武器装备的调整和优化，少量发展必需的武器装备，加速退役了一大批 20 世纪 60—70 年代服役的武器装备，重点对 20 世纪 80—90 年代服役的武器装备进行升级改造，以不断保持现有的战斗力。

陆军

英国陆军目前正在实施多项主战装备升级改造计划，包括"挑战者"2主战坦克升级计划，"武士"步兵战车杀伤力增强计划、AS90式155mm自行榴弹炮改进计划和L118/L119式105mm牵引榴弹炮改进计划，目的是通过升级改造，使这些装备能够继续满足未来30年内英国陆军的作战使用需求，一直服役到预定的退役时间（2035年前后）。预计将有约250辆"挑战者"2主战坦克接受升级。

海军

英国海军从1999年启动了迄今为止最大的攻击型核潜艇改造项目，计划耗资6亿英镑，对"特拉法尔加"级攻击型核潜艇后4艘进行改造。在2004年决定终止未来水面战舰（FCS）后，制定了对22型护卫舰和23型护卫舰进行延寿和技术升级的护卫舰发展方针。

空军

英国空军装备的"狂风"GR4战斗轰炸机、"鹞"GR7和"美洲虎"GR3/GR3A攻击机是空军执行对地攻击任务的主力。随着"台风"战斗机和F-35战斗机的服役，英国决定在2007年退役全部的"美洲虎"攻击机，但从2003年开始对现役"鹞"GR7战斗机和"狂风"轰炸机进行改造，主要是提高武器性能和延长飞机寿命。

2. 升级改造已经融入到装备研制使用的全过程

以最小的成本持续不断地提升武器装备的战技性能，是武器装备建设一直追求的目标。美国在20世纪60年代末即推行"产前预筹改进"制度，强调为装备预留服役后升级改造的余地，并受到其欧洲盟友的追捧。可以说，从那时起，西方国家就将未来的升级改造作为武器装备研制过程所考虑的因素。但由于技术限制等种种因素的制约，实践中难以对服役后的升级改造进行周密考虑，给日后的升级改造造成技术障碍，导致难度和成本增加。

21世纪以来，为了适应技术的快速发展和作战需求的不断演化，美军开始将"渐进式采办"作为基本的武器装备建设方式。"渐进式采办"的本质是将升级改造从武器装备服役后的行为向前延伸至研制过程中，实现升级改造与研制过程的融合，"弗吉尼亚"核潜艇、F-22战斗机等多型武器装备都采用了渐进式采办策略，通过不间断的升级改造来获得新型武器装备。

所谓"渐进式采办"是指，对新研武器装备，有计划地将采办过程划分为不同批次，其中：

◇ 对于有预定战技指标性能目标的装备，分批次接近目标，最终实现之（即递增式采办）。

◇ 对于无法预定最终战技性能目标的装备，则立足于通过技术进步，分批次乃至在全寿期中不断提升性能（即螺旋式采办）。

◇ 这两种采办的目的都是为了不断将成熟技术和系统纳入到后续生产的装备中，并适时改造先期服役的同型装备，不断完善和提升武器装备的性能，增强作战能力。

第三节 武器装备升级改造的优点

1. 快速应用新技术发展成果

以信息技术为代表的高新技术发展迅速，电子和武器系统的技术换代周期缩短；而舰艇、坦克装甲车、飞机等大型平台的服役期通常能够达到二三十年。这使得通过更换电子和武器系统负载，保持或提升平台的作战能力成为一种必然的发展需求，甚至出现了平台几十年保持不变，武器系统更换 2～4 代，电子系统更换 5～6 代的情况，凸显出"一代平台、多代负载"的武器装备发展规律。

美国"尼米兹"号核动力航母在已完成的 30 多年服役期中，已使用了三代侦察机：从 80 年代的 RA-5C、RF-8G，到 90 年代的 RF-4B，再到 2000 年的 ES-3A，剩余近 20 年寿期中还将继续更换。

美国陆军利用火炸药技术和材料技术快速发展的成果，在 M829 式 120mm 坦克炮穿甲弹基础上，发展了 M829A1、M829A2、M829A3 等系列改进产品，并正在通过采用性能更好的表面包覆双基发射药发展 M829E4 穿甲弹；在 M830 破甲弹基础上改进的 M830A1 型多用途破甲弹，发射药装药质量从 5.4kg 增加到 7.1kg，并用 JA-2 炸药替换 DIGL-RP 炸药，弹丸初速从 1140m/s 提高到 1400m/s。

2. 灵活满足不断变化的作战需求

众所周知，武器装备在论证、设计、研制阶段，是以特定时期内可以预见到的军事需求为依据的。随着时间的推移，安全环境、军事战略、军事思想、作战理念、技术条件等都要发生变化，武器装备需要具备新的作战能力或功能，超出了现役或在研在建武器装备最初设定的用途和能力。为迅速满足需求，对武器装备进行升级改造就构成武器装备发展过程中的一种必然选择。

美国陆军在 20 世纪 80 年代遵循的是"空地一体战"概念，并在这一作战概念下发展了"艾布拉姆斯"主战坦克、"布雷德利"步兵战车、M270 多管火箭炮、"爱国者"防空导弹和"阿帕奇"武装直升机等主战装备。进入 21 世纪，"网络中心战"取代"空地一体战"成为美国陆军新的作战概念，更加强调武器装备在网络中心战场环境下利用网络实现信息共享、协同行动和联合打击的作战能力。在新一代陆军主战装备研制工作迟迟难以取得实质性进展的情况下，对现役装备进行技术升级和改造成为美国陆军适应新的作战概念的主要途径。

加拿大在 20 世纪 80、90 年代设计建造了 12 艘"哈利法克斯"级导弹护卫舰，最初主要是用于在大洋环境下执行反潜和反舰作战。为应对近海面临的空中、水面、水下威胁，以及在最初设计中未能考虑的如恐怖份子袭击等一些非对称威胁，加拿大海军从 2005 年开始对"哈利法克斯"级导弹护卫舰进行现代化升级改造，主要包括：安装新型指挥控制系统（包括 22 号数据链），升级或替换 SPS-49 雷达、STIR 1.8 雷达，升级 SLQ-501 电子对抗系统，替换 SLQ-503 电子战系统和"普莱西"诱饵系统，升级鱼雷防御系统，集成主被动声纳，装备改进型"海麻雀"导弹以将"火神"近防系统升级到 Block 1B 版本，将"博福斯"57mm 炮从 Mk 2 升级到 Mk 3，将"鱼叉"导弹升级到 Block II。

3. 及时弥补武器装备的不足

武器装备在服役后，有可能出现不适应作战环境、本身存在技术缺陷以及不能完全满足既定的作战使命等一系列问题，升级改造是解决这些问题的有效方法。通过"使用—反馈—改进"的闭环过程，可以总结武器装备在运用过程中暴露出来的问题，及时加以改进，不断完善和提高武器装备的性能，保持武器装备的先进性。

在 1991 年的海湾战争中，美军的激光制导"杰达姆"（JDAM）炸弹暴露出易受云、雨、雾等恶劣气候影响的缺点，随后美国空军采用 GPS/INS 制导技术，对这些炸弹进行改造，形成具有昼/夜、全天候精确打击能力的"杰达姆"制导炸弹，并在 1999 年的科索沃战争中大量使用。新的"杰达姆"暴露出不能打击移动目标的问题后，美国空军又为其加装了激光半主动导引头。

澳大利亚在 20 世纪 90 年代初建造的"柯林斯"级潜艇在部队使用中出现诸多技术问题，如螺旋桨尾轴部位密封性不好，存在严重的海水泄露；通信桅杆的工作可靠性差；作战指挥系统存在缺陷等，对该级潜艇的性能造成了较为严重的影响。为此，澳大利亚正在采取近期与远期相结合的方案，对"柯林斯"级潜艇实施系统的改造计划。

4. 延长武器装备的使用寿命

任何武器装备都有一定的服役寿命，特别是舰艇、飞机、战车等武器平台。在达到寿期后，结构、系统性能退化，可靠性降低，应当退役。但是在某些情况下，特别是因预算不足，无力汰旧更新，或因各种原因致使在研制装备无法形成战斗力之时，为避免出现装备体系和作战能力的空缺，有必要对现役装备进行延寿改造，使其超期服役。

由于 20 世纪 90 年代编制紧缩和经费削减的影响，世界主要国家陆军都跳过了一代武器系统的研发和装备工作，目前正在研制的新一代陆军武器系统预计要到 2020—2030 年才能具备作战能力。这就要求现役装备能够服役到新一代武器系统服役，而且作战能力还要逐步提升，实现新老装备衔接与平稳过渡。为实现这一目标，延寿与升级是不二之选。

对购进的老旧装备进行延寿升级也是部分国家满足武器装备发展需要的重要途径。印度 1986 年从英国购进 1959 年服役的"维拉特"号航母后，对其进行了延寿改装，1999—2000 年、2004 年、2009 年又进行了三次延寿改装，以使该航母服役寿命延长到 2018 年，届时印度首艘国产航母将服役。澳大利亚在 70 年代末从美国购进了 4 艘"佩里"级护卫舰，从 2004 年开始对这些舰进行延寿改造，希望使其能够服役到 2020 年。

图 1-3 印度"维拉特"号航母

延寿改造也往往伴随着能力的升级，如作为美国唯一的现役电子战飞机，海军的 EA-6B 飞机在多次局部战争中为美军夺取电磁频谱优势和压制敌防

图 1-4 EA-6B 电子战飞机

空系统中发挥了重要的作用。但由于其服役时间长，机体老化严重，美军决定在其替代机型服役前，对其进行延寿和能力升级，使服役期延长到2018年。现在，美国空军 A-10 攻击机、F-16 战斗机、B-52 远程轰炸机等军机均有延寿计划。

5. 降低武器装备建设费用

现代武器装备是高技术的结晶。大量高技术的应用在带来高作战能力的同时，也推高了武器装备的研制、建造和维护费用。与20世纪80年代相比，新型主战装备的研制费用上涨了数倍甚至数十倍，同时使用与维护费用在武器装备全寿期费用中所占比例越来越高，迫使各国日益重视武器建设和使用的可承受性。武器装备升级改造的一次性投资大大低于新研装备，不仅可以提升武器装备作战能力，也可以降低武器使用与维护费用。

美国陆军20世纪90年代以来新装备服役较少，现役装备趋于老化，使用维修费用增高，已从80年代的几十亿美元猛增到本世纪初的100多亿美元。美国陆军经过反复研究和计算，认为只要在合理的时机对现役武器装备按照零时间／零里程的标准进行改造，就可以减缓武器装备使用与保障费用的增长速度，其经济性要明显优于采购新装备或听任装备老化两种做法。

6. 满足军贸市场的需求

外购先进的武器装备已经成为一些国家迅速提升作战能力的重要途径。同时出口武器装备也是军事强国维持本国军事工业基础的重要手段。特别是近些年来，随着反恐战争的持续深入，以及领土与资源争端的加剧，国际军贸市场持续升温。为了增强本国武器装备的产品竞争力，满足进口国的特定需求，武器装备出口国都会在本国武器装备的基础上进行改装，形成专用于出口的产品。为专门针对亚洲市场，俄罗斯在 T90 主战坦克基础上衍生的一款出口型产品 T90S，主要改造包括：安装了空调系统、法国泰勒斯公司第二代热像仪、ESSA 昼夜瞄准系统和 TNA-4-3 坦克导航系统，采用增强型 V-92S2 柴油机和新型履带。印度陆军购买的就是该型坦克。美国向台湾出口的 E-2T 和 E-2K 预警机是在美国 E-2B 和 "鹰眼" 2000 预警机基础上改进而成的。

第二章
武器装备的改造

改造是武器装备升级改造中最常见的一种类型，其主要对象是现役的武器装备。从国外武器装备发展实践来看，对现役武器装备的改造主要是出于延长武器装备的服役寿命、优化武器装备的性能以及改变武器装备的功能等三种目的。需要说明的是，武器装备改造的三种目的并不能截然分开，有可能出现重叠。例如，延长武器装备服役寿命，同时伴随着武器装备性能的优化。

第一节　延长寿命

武器装备的延寿改装主要有两种，一种是有计划的中期延寿改装，另一种是超期服役装备的延寿改装。

1. 中期延寿改装

中期延寿改装是指武器装备服役到一定期限后，需要对装备进行有计划地改装，适当地延长武器装备服役期，确保武器装备体系建设的平稳发展。

中期延寿改装一般有较强的计划性，改装时间会武器装备的种类不同而有所不同。舰艇平台中期延寿改装一般会在平均服役约 18 年左右进行，装甲平台的首次延寿改装一般在装备服役 15 年左右进行。例如，英国国防部为了使 1994 年装备部队的"挑战者"2 主战坦克能够一直服役到 2035 年前后，在 2007 年制订了名为"'挑战者'2 能力维持计划"（C2 CSP）的装备改造计划，拟通过对"挑战者"2 主战坦克的火力、动力和车辆电子信息系统进行全面改造，使其能够满足 2035 年前英国陆军的作战需求。

中期延寿改装的实施往往是外军武器装备长远规划建设的重要举措。以美国陆军现役 M109A6"帕拉丁"155mm 自行榴弹炮为例，该炮是美国陆英国"'挑战者'2能力维持计划"的改造内容包括：

◇ 用德国莱茵金属公司的 L/55 式 120mm 滑膛炮更换"挑战者"2 主战坦克目前使用的 L30A1 式 120mm 线膛炮；

◇ 用车辆综合控制系统（VICS）替换现有的数字化车辆系统控制装置；

◇ 用动力场（Powerfield）公司的新型 APU 2000 系统替换现有的辅助动力装置；

◇ 为车长和炮长瞄准镜使用二代热像仪，为车长配备全景热像仪；

◇ 重新设计驾驶员舱；

◇ 安装战场管理系统；

◇ 为车长配备一个可以观察炮长热成像瞄准镜的监视器，使车长能够更迅速地在昼夜环境中捕获目标，实现完全的"猎—歼"式攻击。

图 2-1 "挑战者"2 主战坦克

军 20 世纪 60 年代开始装备的 M109 自行榴弹炮的最新改进型，1993 年开始装备美国陆军。虽然美国陆军早有研发新型火炮来替换"帕拉丁"的意愿，但随着"十字军战士"155mm 自行榴弹炮和未来战斗系统项目的陆续夭折，迫使美国陆军不得不考虑延长"帕拉丁"自行榴弹炮的寿命，以满足其未来重型旅级战斗队对远程压制火力的需求。2007 年，美国陆军与 BAE 系统公司签署谅解备忘录，启动了 M109A6 PIM 项目，目标是通过对"帕拉丁"自行榴弹炮进行进一步升级改造，使其能够一直服役到 2050 年之后。如果这一目标得以实现，将意味着 M109 系列自行榴弹炮的服役时间将会达到 80 多年，从而使其成为美国陆军历史上服役时间最长的武器装备之一。

M109A6"帕拉丁"自行榴弹炮的主炮和整个驾驶舱结构不变,主要改造内容包括:

◇ 利用"布雷德利"战车的发动机、传动系统等部件对底盘进行改造和翻新,改造后该炮的时速将增加约 10km, 最大行程将增加约 100km;

◇ 通过移植未来战斗系统项目中非瞄准线火炮系统的技术研究成果,实现火炮驱动的电气化和弹药装填的自动化,持续射速 1 发/min, 最大射速为 4 发/min;

◇ 使该炮具备发射"神剑"等制导炮弹的能力;

◇ 采用 BAE 系统公司的通用模块供电系统(CMPS),实现 35kW、600V 直流电供电能力,满足武器平台内其他更高功率设备的用电需求。

2. 超期服役装备的延寿改装

超期服役装备的延寿改装是指武器装备即将达到或超过服役期限后,由于各种原因仍然需要装备继续超期服役,为使装备保持相应的作战能力而进行的改装。

对超期服役装备的延寿改装是外军实现新老装备过渡和衔接的重要

图 2-2 "帕拉丁"榴弹炮

手段。例如,B-52"同温层堡垒"是美国波音飞机公司研制的八发远程战略轰炸机。1948 年提出设计,1952 年首飞,1955 年批生产,先后发展了

图 2-3 B-52H 远程轰炸机

B–52A、B、C、D、E、F、G、H等8种型号，1962年停产，共生产了744架。B–52H是最后一种改进型，于1961—1962年交付，平均机龄已超过50年左右，而轰炸机的正常寿命一般是30年，因此B–52H已算是超期服役。

> 2012年是B–52轰炸机从首飞时间算起的60大寿，而B–52H继续升级之后有望在2050年之前仍发挥威力。2012财年，B–52H的可执行任务率为78.3%，远远超过B–1B的56.8%和B–2A的51.3%，而B–52H的平均机龄已高达50.8岁。

但是鉴于B–52H轰炸机在2001年的阿富汗战争、2003年伊拉克战争中，为地面部队提供了强大的空中支援，执行了许多需要快速响应的攻击任务，得到了美军司令部的高度评价。因此，在美国空军计划在2035年投入使用远程打击系统替换B–52H轰炸机之前，对B–52H轰炸机进行延寿改造，使其继续服役到2050年。

美国EA–6B"徘徊者"电子战飞机从1971年开始服役，到2000年已经服役29年，机体老化严重，再加上战场威胁发生变化，美军决定一方面，研制下一代电子战飞机（如海军的EA–18G、空军的B–52远程干扰机等）来替代它，另一方面确定对EA–6B进行改进能力Ⅲ（ICAP Ⅲ）升级，使其服役期延长到2018年。

对购进的退役装备进行延寿改装也是部分落后国家或地区进行武器装备建设的重要途径。例如，美国将在20世纪90年代末退役的、且一直封存状态的4艘"基德"级导弹驱逐舰出售给我国台湾。为了完全恢复"基德"级驱逐舰作战能力，延长服役寿命，台湾委托美国VSE公司对4艘舰艇进行延寿改装。改装后的"基德"级驱逐舰已于2006年全部重新服役台湾海军，并且更名为"基隆"级，成为台湾海军最具战斗力的舰艇之一。

> 四艘舰为"基德"号（DDG-993）、"斯科特"号（DDG-995）、"卡拉汉"号（DDG-994）、"钱德勒"号（DDG-995）。改装工作包括：
> ◇ 替换2套声纳导流罩透声窗；
> ◇ 将所有4部SQS-53A型声纳升级为SQS-53D型（数字型）；
> ◇ 改装升级武器系统，可发射标准-2 Block ⅢA型标准区域防空导弹；

◇ 更换 11 台废热锅炉；

◇ 改装所有 28 台舰艇推进和发电燃气轮机；

◇ 安装 2 部"3S"传动器，可将动力从燃气轮机转给减速齿轮；

◇ 安装了第一套近程武器系统。

图 2-4　"基隆"级驱逐舰"苏澳"号（原"卡拉汉"号）

第二节　优化性能

　　克服或弥补实战使用中暴露出的缺陷，优化或提升武器装备性能，也是现役武器装备进行改造的重要原因。自海湾战争以来，美国陆军在每场战争结束后都会根据武器装备在作战使用中暴露出来的问题和不足对装备进行改造，以完善和优化武器装备的性能。

案例一：根据海湾战争经验，美军改造"布雷德利"步兵战车

图 2-5　"布雷德利"战车

　　海湾战争结束后，美国陆军根据"布雷德利"步兵战车在"沙漠风暴"行动中的作战经验和教训，对部分"布雷德利"步兵战车进行了改造，包括加装激光测距仪、带数字陀螺的全球定位系统、简单的敌我识别装置、驾驶员视觉增强器和导弹对抗设备，改进车内设备的布局方式，并将这些战车命名为"沙漠风暴"行动型

"布雷德利"（M2A2 ODS/M3A2 ODS）。

案例二：根据伊拉克战争经验，美军改造"艾布拉姆斯"主战坦克和"斯特赖克"轮式装甲车

伊拉克战争之后，美国陆军根据"艾布拉姆斯"主战坦克和"斯特赖克"轮式装甲车暴露出在城区环境中防护能力不足、极易遭到 RPG 火箭弹和简易爆炸装置袭击的问题，分别为 M1A1/A2 坦克和"斯特赖克"轮式装甲车开发了坦克城区生存力套件（TUSK）和专门用于防御 RPG 火箭弹的格栅装甲。

坦克城区生存力套件

坦克城区生存力套件是一种模块化系统，可以根据需要灵活组合选用。该套件主要由以下部分组成：

◇ 反狙击手 / 反器材武器支架（CSAMM），支架上安装了 1 挺 M2 式 12.7mm 机枪，安装在 M256 式 120mm 坦克炮的上方。支架采用全稳定安装，乘员无需暴露在车外就可进行准确射击。

◇ CROWS 遥控武器站，该武器站使车长能够在不打开舱盖的情况下昼夜观察周围环境。武器站上安装有一挺 12.7mm 机枪，高低射界为 -20°～+60°，车长可以在车体内通过一块 12.1in 的彩色液晶显示屏和操纵杆进行目标捕获和操纵武器射击。

◇ "艾布拉姆斯"反应装甲，安装在坦克侧面，可防御采用破甲战斗部的手持式反坦克武器；此外还包括坦克后部用于保护动力舱的格栅装甲系统，它可以防御 RPG 火箭弹等反坦克武器的攻击。

◇ 装填手武器热像仪，为装填手提供夜视能力，能将图像显示在乘员的单目镜上。

◇ 装填手装甲防盾，为装填手使用的机枪加装围栏式装甲防护板，加强装填手的正面防护。

◇ 态势感知照相机，安装在车体后部的炮塔座圈上，使装填手能够观察坦克后部 180°范围内的区域。

◇ 坦克—步兵电话，可以使坦克乘员和徒步士兵之间进行通信，为坦克乘员定位城区目标和进行直瞄射击提供帮助。

◇ 动力分配箱，为坦克城区生存力套件提供电路保护。

遥控武器站

机枪手防盾

机枪手热瞄准具

坦克乘员/步兵电话

热瞄准具眼镜

后部格栅防护装置

热瞄准具显示屏

侧裙板反应装甲

图 2-6　"艾布拉姆斯"坦克城区生存力套件

格栅装甲

　　格栅装甲目前已被广泛安装在驻伊美军装备的"斯特赖克"装甲车上，格栅的间距为 63.5mm，小于 RPG-7 火箭弹的直径，当 RPG-7 火箭弹飞入两块格栅之间时，其弹头中的引信电路将会因受挤压变形而短路，从而使空心装药战斗部无法引爆。如果一旦战斗部被意外引爆，由于格栅装甲距离车体 254mm，因此可以在一定程度上减轻空心装药射流对车体主装甲的侵彻，从而起到保护车辆的效果。根据美国陆军的统计报告，这种格栅装甲对 RPG-7 火箭弹的有效防御率可以达到 50%。

图 2-7　装有格栅装甲的"斯特赖克"轮式装甲车

案例三：法国改造"西尼特"（SENIT）舰载指挥系统

法国海军"西尼特"（SENIT）舰载指挥系统（或称为作战管理系统）自 70 年代初服役以来，其计算机、显控台和软件经过不断地升级改造，已由 SENIT–1 系统改造为 SENIT–8/9 系统。系统的目标跟踪能力和目标处理能力由最初的 128 批目标提高到现在的可同时跟踪 1000 个目标、处理 2000 批目标，防空作战指挥能力显著提高。SENIT–8/9 系统采用了大量的商用现货硬件和软件，如多功能平板显控台、HP PA–RISC 处理器、标准操作系统（UNIX 和 POSIX）、Windows、Motif 图形接口，不仅提高了信息处理能力和人机对话能力，还缩小了占有空间，节省了成本。

案例四：美国改造 C^{4}I 系统

美国防空、导弹防御、空间监视一体化 C^{4}I 系统从 1966 年部署在复延山北美防空司令部至今已 40 多年。鉴于该系统曾产生虚假预警信号，以及 9·11 事件暴露出的雷达覆盖率和指挥控制系统性能的不足，美国空军于 2000 年 9 月开始投资 15 亿多美金对其实施为期 15 年的"北美防空司令部现代化"计划。该计划对其雷达、计算机、软件进行全面升级改造，用集成原 40 个防空、反导、空间监视系统，连接北美防空司令部、北方司令

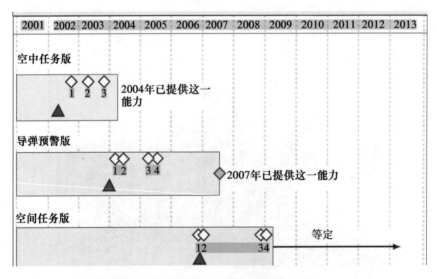

图 2-8 作战指挥官综合指挥控制系统的升级计划

部、战略司令部的作战指挥官综合指挥控制系统（CCIC2S）替代原系统。CCIC2S 空中任务版系统已于 2004 年投入使用；导弹预警版系统已于 2007 年投入使用；目前空间任务版系统正在开发。2010 年，美国空军决定在未来 10 年继续向"北美防空司令部现代化"计划投资 4.22 亿美元，继续升级系统中用于防空的固定式作战控制系统 (BCS-F)，从而使该一体化 C^4I 系统延寿到 2020 年以后。

案例五：美国改造 EC-130H "罗盘呼叫"电子攻击飞机

美国 EC-130H "罗盘呼叫"电子攻击飞机自问世以来已经过多次升级改进，不断优化作战性能，提高其干扰性能和复杂信号环境中的作战能力。

最初的 EC-130H 安装了模拟信号采集系统、数字信号威胁分析系统和数字信号定向探测系统。改进后的"罗盘呼叫"为了适应作战需要保留了模拟信号采集能力，增强了数字信息威胁分析能力，增加了多信号定向探测能力。提升了总体的态势感知能力，获得了战术通信互操作能力。干扰管理系统可以紧密地与空中任务管理条令协同工作，此外还提供数字化综合波形的实时干扰管理。EC-130H 采用开放式体系结构以及商用现货产品，提供了系统的灵活性和扩展性。

在随后进行的一次升级改造中，美军用战术无线电截获和对抗子系统取代了原来的压缩接收机。战术无线电截获和对抗子系统是一台可编程的接收机，通过软件升级保持了先进性。它的机载通信干扰机的升级包括替换老设备、改进对人机界面，扩展高波段和低波段频率覆盖范围，并增加了一个双波段的专用辐射源干扰吊舱，提高了信息获取能力和对抗现代指挥控制系统的能力。

为了提升性能，未来美国空军还计划对 EC-130H 进行升级，重点是增强对敌网络的信息攻击能力，目前美军部分 EC-130H 飞机已装备"舒特"电子信息攻击设备，网络作战将成为 EC-130H "罗盘呼叫"的又一重要作战领域。

图 2-9 EC-130H 电子攻击飞机

第三节 改变功能

对现役武器装备进行改造的过程中，除了延长装备寿命以及优化装备性能外，在一些情况下，出于战略或者战术的需要，有可能会对舰艇、坦克装甲、飞机等装备原有的功能进行改变，从而使装备具有其他或者新的功能力。

美国"俄亥俄"级弹道导弹核潜艇发展于 20 世纪 60 年代，主要作战使命是搭载射程为 7400km 的"三叉戟 – Ⅰ"导弹在美国附近海域攻击包括苏联在内的世界任何战略目标。但随着冷战的结束，美国海军战略发生了改变，将战略重点从远海转向近海。同时，为了满足美俄第二次战略武器削减条约的规定，美国决定将 18 艘"俄亥俄"级弹道导弹核潜艇削减为 14 艘。1994 年，克林顿政府发布的《核态势评估》报告建议，将 4 艘被削减的"俄亥俄"级弹道导弹核潜艇改装为非战略用途的巡航导弹核潜艇，不仅可以充分利用"俄亥俄"级弹道导弹核潜艇剩余 20 年的使用寿命，而且还可以弥补攻击型核潜艇数量不足的问题。

2002 年 9 月，通用动力电船公司开始对美国"俄亥俄"级弹道导弹核潜艇（SSBN）实施改装。改装内容主要是将"俄亥俄"级弹道导弹核潜艇原有的 24 个弹道导弹发射管中的 22 个改装成可以发射"战斧"巡航导弹的大直径多联装导弹发射管。每个大直径多联装导弹发射管可以携带 7 枚导弹，总共可以携带 154 枚"战斧"巡航导弹。这样，改装后"俄亥俄"级弹道导弹核潜艇的功能从战略威慑平台，彻底转变为具备强大打击能力的对陆攻击作战平台（巡航导弹核潜艇）。首艘巡航导弹核潜艇"俄亥俄"号（SSGN 726）于 2006 年服役，第四艘"乔治亚"号（SSGN 729）于 2008 年服役。

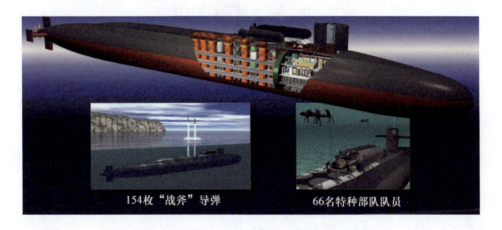

154 枚"战斧"导弹　　　　66 名特种部队队员

图 2-10 美国"俄亥俄"级弹道导弹核潜艇改装为巡航导弹核潜艇

改装后的"俄亥俄"级核潜艇还具备了支持无人系统和特种作战的能力。可利用大直径多联装导弹发射管发射无人潜航器（UUV）和其他传感器，了解作战空间态势；还可长期容纳多达 66 人的特种作战部队小分队。另外，"俄亥俄"级巡航导弹核潜艇可以实时地与联合攻击战斗机以及联合攻击目标监视雷达系统联系，通过网络通信技术，保证"俄亥俄"级核潜艇在"网络中心战"中有效发挥重要节点的作用。美国潜艇部队司令约翰·理查德中将评价称："'俄亥俄'级巡航导弹核潜艇在全球水下战中发挥着重要的作用"。

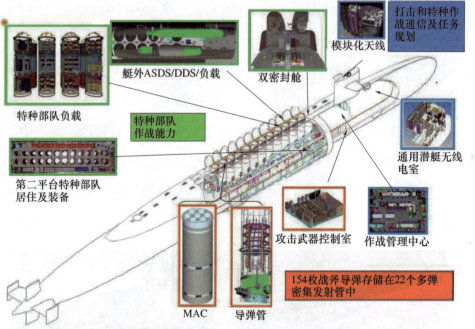

特种部队负载

艇外ASDS/DDS/负载

双密封舱

模块化天线

打击和特种作战通信及任务规划

特种部队作战能力

第二平台特种部队居住及装备

通用潜艇无线电室

攻击武器控制室

作战管理中心

154枚战斧导弹存储在22个多弹密集发射管中

MAC

导弹管

图 2-11 "俄亥俄"级巡航导弹核潜艇负载能力示意图

第三章
武器装备的改进

　　改进也是武器装备升级改造的一种较为常见的类型，其主要特征是在现有装备的基础上进行再发展，形成新的武器装备。相比于现有装备，新发展的武器装备装备性能得到提升，或者是装备功能得到扩展。从国外武器装备的发展实践来看，武器装备改进的主要有两种形式，一种是渐进发展，即通过批次化的生产，不断提升装备性能；另一种是单纯为拓展装备功能而进行的改进。其中渐进发展是武器装备改进的主要形式。

第一节　渐进发展

　　渐进发展是随着美国国防武器装备采办制度的发展而发展的。渐进式采办分为两种发展过程。一种是螺旋式，这种发展过程期望得到的能力是确定，但是终态需求在项目开始是未知的，未来递增的需求依赖技术的成熟度和用户对先前递增式发展的反馈意见。另一种是递增式，这种发展过程中终态需求是已知的，随着时间的推移，经过几轮递增来满足需求。目前，美国新发展的武器装备基本上都采用了渐进发展模式。

案例一：美国"战斧"巡航导弹的渐进式发展

　　美国"战斧"巡航导弹发展是渐进发展的典型。该系列导弹于 20 世纪 70 年代开始研制，80 年代在美国海军服役。战斧导弹最初型号有装核战斗部的战略型对陆攻击型 BGM-109A、装常规战斗部的反舰型 BGM-109B，以及装常规战斗部的对陆攻击型 BGM-109C。在历时近 30 年的服役过程中，美军针对各种任务需求，以及每次战场运用暴露出的问题，进行了多次重大改进。下面以 BGM-109C 的发展为例，对"战斧"导弹的升级改进分析。

BGM-109C 是"战斧"多用途海射巡航导弹发展计划中的"常规对陆攻击导弹"（TLAM-C），于 1976 年底研制，1983 年装备。在 1983 年，美国国防部提出了 Block2 改进计划，并把此前进行的研制计划称为 Block1。此后，常规对陆攻击型"战斧"导弹经历了 Block2、Block3、Block4 几次重大的升级改进。

表 3-1　常规对陆攻击型战斧导弹主要升级改进情况

	"战斧"Block2	"战斧"Block3	"战斧"Block4
装备时间	1986 年	1993 年	2000 年
主发动机	F107-WR-400	F107-WR-402	F415-WR-400/402
制导系统	惯导 + 地形匹配 + 数字景象匹配区域相关器	惯导 +GPS+ 改进的数字景象匹配区域相关器	惯导 +GPS+ 红外成像导引头
CEP	≤ 18m	6m	≤ 3m
任务规划时间	101min	19min	10min
射程	1300km	1667km	3000km

● "战斧"Block2 改进阶段（1983—1988 年）

该阶段是对基本型进行改进，早期的"战斧" Block1 制导系统采用的惯性导航系统—地形匹配系统，会因为各种干扰使导弹发生目标定位错误，而且发射前的准备工作复杂、时间长，任务规划时间需要三天。这一阶段改进主要针对软件进行，改进后使任务规划时间缩短到 101min；另外，对制导装置也进行补充改进，在原来的惯性导航系统—地形匹配系统中制导基础上，加装了数字景象匹配区域相关器（DSMAC）系统作为末制导，使圆概率误差（CEP）理论上可达 ≤ 10m，实战可达 ≤ 18m。战斧 Block2 导弹试验见图 3-1。

图 3-1 "战斧" Block2 导弹试验

● "战斧" Block3 改进阶段（1988—1993 年）

"战斧" Block3 改进计划从 1988 年 12 月开始。1991 年，海湾战争期间"战斧" BGM-109C 虽然取得了令人瞩目的结果，但也暴露出许多缺点和不足：原有的中制导体制不仅确定目标的定位精度差（30m），而且末制导识别小目标能力弱，对小型点目标的命中概率太低；其巡航飞行路线是导弹发射前确定的，不够灵活，难以适应战场随时变化的情况；另外，由于发动机推力不够，不能够跃升俯冲拦截，被地面拦截的概率太大，末段突防能力差。据此，美国海军对原来的"战斧" Block3 计划作了大的调整。调整后的改进计划分为近期和远期两个阶段，近期改进侧重于增加射程，提高作战灵活性和改进战术选择能力，远期改进侧重于改进和提高全武器系统的作战效能。"战斧" Block3 阶段的改进重点围绕以下几个方面进行：

提高命中精度和灵活作战能力。中段制导用惯导 / 全球定位（GPS/INS）系统取代了原来的地形匹配辅助惯导（INS/TERCOM）系统，导弹中段最小定位误差由原来的 30m 减至 12m，防区外发射距离增加 20%，任务规划时间缩短到 19min；导弹可以从最安全的方位攻击目标，明显改进了末段突防能力。

改进数字景象匹配区域相关器（DSMAC）系统末制导系统。升级为 DSMAC2A，使其能选择更多的景象作为匹配基准，增加了目标选择能力和末段飞行灵活性，提高了制导精度。导弹 CEP 减至 6m。

改进动力系统，提高射程和末段机动性。通过更换主发动机和助推器，

采用推力更大的涡扇发动机，推力增大、油耗降低，使导弹射程增加 30 %
左右，达到 1667km，最大 1850 km，使导弹可以采用跃升俯冲攻击弹道，
改善了突防能力，提高了攻击效能。

更换战斗部，提高对加固目标和核生化武器设施的打击能力。采用
WDU-36B 钝感炸药高效战斗部取代原有的 WDU-25B，其内装钝感高能
炸药和程控延迟引信，即使在着火情况下也不会爆炸，有更高的安全性和可
靠性，引信在命中目标后延迟引爆，对加固掩体目标的破坏力提高了 1 倍。

● "战斧"Block4 改进阶段（1994—2000—至今）

尽管"战斧"Block3 对付固定目标的能力有很大增强，但对打击机动
目标的能力很有限，而美军始终将实时打击移动目标视为应对战场突变环境
根本。因此，后来的战斧导弹在设计理念上发生了重大变化，要求具备以下
几种关键能力：具有既能对付水面舰艇，又能打击地面固定和移动目标的多
用途能力；装备双向数据链，能重新瞄准目标、修正瞄准点、进行目标毁伤
评估，具有很强的战场应变能力；战斗部贯穿能力强，能够打击坚硬目标。
此后美军又进一步提出智能化、低成本的要求。这些要求最终在"战斧"Block4
（即战术战斧）导弹上得到充分体现。

战术"战斧"导弹在制导方面的改造主要包括两部分：

中制导采用改进型 INS/GPS 系统，装有双向卫星数据链和视频数据链。
在攻击水面目标时，视频数据链使导弹能在敌我混杂的态势下分辨出敌舰。
在攻击陆地目标时，视频数据链能确保攻击预定目标并评估其毁伤情况。双
向卫星数据链的下行链路可以向指挥中心传输导弹所处位置及飞行状态、显
示导弹航向偏差，使决策指挥人员及时掌握导弹执行任务的情况，为实时决
策提供依据；上行链路则在主要目标已被摧毁或出现更重要的新目标时，接
收新目标的瞄准信息，使导弹具有重新瞄准目标和修正攻击目标弹道和航向
能力。

末制导用红外成像导引头加数据链传输系统，取代了 Block3 的

DSMAC2A 景象匹配制导系统。不仅使导弹的命中精度 CEP 达到 ≤ 3m。而且将导弹的工作模式从全自主模式变为人机结合的人在回路遥控模式奠定了基础。战术"战斧"导弹外形见图 3-2。

图 3-2 战术"战斧"导弹

战术"战斧"导弹的作战能力从本质上有了变化，最突出的改造是为了适应未来信息化战场作战，使用了双向数据链，使导弹—卫星—目标构成了一个闭环回路，实现机动弹道攻击、可重复瞄准，具备了战场实时效能评估的能力，并可以在作战空域上空巡逻飞行 2h，也可以与其他武器配合使用，增强了导弹的灵活性和响应能力，使导弹能够快速精确打击固定与移动目标，显著提高了攻击时间敏感目标的能力。GPS 中制导大大简化了制导系统，其任务规划时间缩短为几分钟，由于采用了新的算法，使制导精度明显提高；采用先进的数字燃油控制系统，并增大油箱，使射程提高到 3000km；采用多模战斗部，尤其是增加了对坚硬目标的侵彻能力。而且新技术的应用，促进了对结构、材料、加工技术的变革，使成本大幅度降低。

案例二：美国 F-16 战斗机的渐进式发展

F-16"战隼"是美国洛克希德·马丁公司于 20 世纪 70 年代初研制的轻型战斗机，原型机 YF-16 于 1974 年 12 月首飞，生产型于 1978 年开始交付美国空军，1980 年 10 月形成初始作战能力（IOC）。目前，F-16 共有 A/B、C/D 和 E/F（现仅阿联酋使用）等主要型别，但其中 A/B 和 C/D 型

图3-3 F-16 战斗机

均有众多的批次升级批型。至2006 年 9 月，共为美国空军生产了 2200 多架 F-16A/B 和 F-16C/D。除大量装备美国空军外，F-16 还出口到 20 多个国家或地区，总产量超过了 4000架。目前，美国空军现役共装备1000 余架 F-16（现役部队装备 C/D 型，空军国民警卫队大多为 A/B 型）。F-16已由最初仅具备白天格斗空战能力，批次升级成了拥有全天候 / 全天时空对空和空对地等多种作战能力的多用途战斗机。

F-16 是外军战斗机批次升级的典型代表，虽然其外观一直保持不变，但机载系统已发生巨大变化，由最初设想的昼间格斗战斗机发展成为多用途战斗机。为了面对华约国家的军备竞赛和冷战后第三世界国家防空力量的发展，F-16 在三十余年的服役期内得到了不断的批次升级。美国空军在发动机、航电、雷达等方面的积极改进使得 F-16 具备强大的对地攻击能力，但也付出了机动性步步下降、飞机重量节节上升的代价。除去原型机、全尺寸发展机和部分试验机种，美国空军先后装备了 F-16A/B/C/D 等四种主要改型，这其中又有批次（Block）1 到批次 52 等十几个批次型号，并在阿联酋的投资下向其出口了直追"四代半"水平的批次 60 飞机（E/F 型）。

迄今为止，F-16 进行过 6 次大的批次升级，更新了 4 代核心航空电子设备、5种发动机改型、5 种雷达改型、5 种电子战系统改型，而其他大部分子系统至少也有2 种改型，如今 F-16 配备的主计算机内存是 1978 年刚进入服役时的 2000 倍以上。

F-16 战斗机批次升次情况如下所述。

● F-16A/B 的批次 1、批次 5、批次 10、批次 15 和批次 20（20 世纪 70 年代末—80 年代中期）

F-16A/B 是最早出现的型号，都装备普惠公司的 F100 发动机和威斯汀豪斯公司的 AN/APG-66 系列雷达。A/B 型中，A 型是单座机，B 型是双座机。根据生产批次的不同，A/B 型往下又可细分为批次 1、批次 5、批次 10、批次 15 等批次型号。各个生产批次虽大同小异，但多少都有一些改进。批次 1

表 3-2　美国空军 F-16 战斗机重大批次升级改造的主要效果

型别	批次升级	年代	主要效果
F-16A/B	Block 1 和 Block 5	20 世纪 70 年代末—80 年代中期	最初的作战型飞机，两批次差别不大
	Block 10		提高了飞机的可靠性和维修性
	Block 15（OCU）		增加了超视距空对空作战和低空作战能力
F-16C/D	Block 25 和 Block 30/32	20 世纪 80 年代中期—现在	航空电子设备和座舱升级
	Block 40/42		提高了夜间和全天候对地攻击能力
	Block 50/52		进一步提高了多用途能力和飞行性能，提高了昼夜近距空中支援和战场遮断能力

是最早订货的一批 F-16A/B，供应美国及其四个欧洲盟国。批次 1 飞机的最大特征是十分醒目的黑色雷达罩。模拟空战表明，黑色机头很容易被敌方辨认出来，因此批次 5 将黑色雷达罩换成灰色，并把该批次飞机出售给以色列。批次 10 本身跟前两批飞机的外观差别不大，主要是对机载系统进行改进而提高了其可靠性和可执行任务的完好率，而批次 1 和批次 5 都在 1982—1984 年升级为批次 10 的配置。这几个批次的 F-16A/B 都采用 F100-PW-200 发动机。

图 3-4　比利时空军装备的 F-16A 战斗机，该机属于第 1 批次，请注意其黑色的机头雷达罩和较小的平尾

图 3-5　比利时空军 F-16A 战斗机，该机属于第 5 批次，注意进气道下方的 UHF 天线和较小的平尾

批次 15 采用了推力增大的 F100-PW-220 和 -220E 型发动机，而且在进气口两侧各增加了 1 个外挂点。为提高大迎角飞行时的操稳特性，批次 15 飞机的平尾有所加大（面积增加 30%），这是批次 15 区别于早期型号的最大外部特征。为适应 80 年代后期超视距作战的空战发展趋势，美国对一部分批次 15 飞机的航电系统进行了升级改造，包括新增边扫瞄边跟踪模态的 AN/APG-66 雷达、加装数据转换模块和雷达高度表、换装较大的平显，这一批飞机被称为批次 15 作战能力升级型（OCU）。总体而言，批次 15 OCU 飞机具备较好的防空与对地攻击能力，可发射 AGM-119 "企鹅" 反舰导弹、AGM-65 "幼畜" 空对地导弹和 AIM-120 先进中距空对空导弹。此外，另一部分批次 15 飞机被改进成专用的防空战斗机（F-16 ADF），以填补北美大陆空防力量的不足。F-16 ADF 是采用批次 15 OCU 标准并加装专用于防空作战的机载系统，包括改进的 AN/APG-66A 雷达、敌我识别装置、高频电台以及在前机身左侧加装 15 万烛光的探照灯。在美国自用的 F-16A/B 中，F-16 ADF 唯一可以发射 AIM-7 "麻雀" 半主动雷达制导中距拦射弹。

为了让盟国的 F-16A/B 获得近似 F-16C/D 后期批次型号的能力，以服役至 21 世纪初，1991 年美国推出了其 "中期寿命改进"（MLU）计划，并于 1992 年开始实施该计划。这项计划除加强机体结构以将其使用寿命延长到 8000 飞行小时，还采用

图 3-6 OCU 升级后的 F-16A Block15 座舱

与 F-16C/D 一样的数字式航电系统，并给客户提供了许多航电升级选项，包括改装 AN/APG-66（V2）雷达、新的模块化任务计算机、广角平视显示器、加大的座舱显示器、新型敌我识别器（IFF）等。另外，还预留了加装微波着陆系统和头盔显示器的

图 3-7 正在发射 AIM-7"麻雀"空空导弹的 F-16 ADF 防空战斗机

空间。改装的 AN/APG-66（V2）雷达增大了边扫瞄边跟踪的距离，并可跟踪更多的目标，新的模块式计算机则体积为原来的一半、重量则不到一半、运算速度比原来快了 740 倍、存储容量提高了 180 倍。

图 3-8 台湾空军的 F-16A 批次 20 战斗机

美国 20 世纪 90 年代初卖给台湾空军的 F-16A/B 型被赋予批次 20 的编号。实际上，批次 20 是按批次 15 OCU 标准配置的 F-16A/B 战斗机，进一步强调了空对空作战能力。除采用相同的模块化任务计算机和彩色显示器等航电设备外，批次 20 与批次 15 OCU 的最大区别是，敌我识别器和自卫电子干扰吊舱等部分电子战设备跟北约内部标准不同。

● F-16C/D 的批次 25、批次 30/32、批次 40/42、批次 50/52（20 世纪 80 年代中期至今）

F-16C/D 型是 20 世纪 80 年代中期以后出现的，其中 C 型为单座机，D 型为双座机。与 A/B 型类似，C/D 型也有相当多的批次型号。C/D 型从外

形上看与 A/B 型差别不大，但在发动机和航空电子方面都有大的改变，机体结构也有所加强。为改变普惠公司在美国战斗机发动机上一家独大的局面，美国空军制定了"通用发动机舱"标准。新的规格要求各厂家的发动机有相似的性能和尺寸，这样同样的飞机可以配备不同厂家的发动机。从批次 30/32 起，F-16C/D 型只需一些安装配件即可换用普惠公司的 F100 和通用电气的 F110 两种发动机。不过在实践当中，一般相同部队的 F-16C/D 战斗机都采用一样的发动机。C/D 型配备了新的 AN/APG-68 雷达。该雷达在探测距离、功能模式、反电子干扰等方面都比 AN/APG-66 早期型号有所增强。C/D 型采用了新的"玻璃座舱"，除升级平显以外，还增添了多功能下视显示器。经过这些改进，F-16C/D 型获得了更好的超视距作战能力和夜间/精确打击能力。但同时飞机也变得更加臃肿笨重，不复见当年的轻巧灵敏。

批次 25 是第一批 C/D 型，原本配备普惠公司 F100-PW-200 发动机，后改进为 -220E 型，该批次于 1984 年投产。批次 25 新增的作战能力包括：夜间作战、精确对地攻击、可使用 AIM-120 先进中距空对空导弹，配备改进的火控计算机、飞机管理计算机、美国空军标准惯导系统、多功能显示器、数据转换模块、雷达高度计、抗干扰超高频电台以及未来加装电子战系统的空间。此外，批次 25 还换装 AN/APG-68 雷达，该雷达拥有更远的搜索距离、较高的分辨率和更多的工作模式，以及换装一台更大的平显、两台多功能显示器和新式控制仪表板。批次 25 的尾翼根部较宽，以便内装机载自防御干扰系统，后续批次的 F-16C/D 沿用了这一作法。

图3-9 F-16C 批次 25 座舱：F-16C/D 型由于电脑与雷达得到加强，具备更多更强的作战能力，因此座舱与 F-16A/B 有显著区别，换上了 2 台多功能液晶彩显，取代了以前的老式显示器

批次 30/32 是随后的一批 C/D 型,其中批次 30 配备通用电气公司 F110 发动机,而批次 32 配备普惠公司 F100 发动机。F110 发动机的推力稍大,要求的进气量较大,相应的进气道口也比较大。两个批次的飞机在其他方面则完全相同。批次 30/32 的进气道还特别涂敷了雷达吸波材料(RAM)以缩减雷达散射截面(RCS)。批次 30/32 飞机可使用 AGM-45“百舌鸟”和 AGM-88A 高速反辐射导弹以及 AGM-65“幼畜”空对地导弹,而其中部分飞机于 1987 年春开始被赋予发射 AIM-120 先进中距空对空导弹的能力。此外,还加装了飞行数据记录仪、语音信息与多功能显示器的存储容量。

图 3-10 美国空军装备的 F-16C 批次 25 战斗机

批次 40/42 的区分同批次 30/32 一致,即批次 40 装通用电气公司发动机,批次 42 装普惠公司发动机。此后的批次 50/52,也是类似的区分方法。与先前批次的 F-16 相比,批次 40/42 拥有了完整的全天候与夜间精确攻击能力,其飞控系统和航电系统也由模拟式改为数字式。兰丁(LANTIRN)吊舱、GPS/INS 导航系统和 AN/APG-68(V)雷达,使得批次 40/42 的 F-16C/D 可在几乎任何天候出动,依靠地形起伏的掩护精确打击敌方地面目标。为能适应挂载“兰丁”吊舱和更多的空对地武器,批次 40/42 的起落架进行了增强与加长,而起落架舱门为容纳较大的机轮而稍微鼓起,座舱则改装更大的平显以配合“兰丁”系统。除改装 AN/APG-68(V)雷达和加装 GPS 外,批次 40/42 飞机还加装了地形跟踪系统和可提高飞行员抗过载忍受力的呼吸系统,换装了增强的武器瞄准具以攻击地面移动目标,此外,电子对抗措施系

统全改为置于机体内部。从外观上易于识别批次 40/42 飞机，包括起落架灯
由原来在主起落架上移至前起落架舱门，以及鼓起的起落架舱门。在批次
40 中，有近 40 架飞机加装了夜视镜和改进的数据链，称为"确实打击"，
该套系统可接收前线空中指挥官提供的高精度位置情报，而所提供的信息也
可输入武器系统计算机并显示在平显上，1998 年中期又加装了双向图像传
输系统，称为"金心打击"以提高飞行员的态势感知能力，这些信息传输系
统成为其后出厂的 F-16 的标准配备。此外，批次 40/42 在后来的改装计划
中还加装了雷达告警接收机和曳光弹 / 箔条发射器。

图 3-11 F-16C 或 F-16D 批次 40 战斗机
前座舱的仪表板

图 3-12 F-16D 批次 40 的后座舱仪表板

图 3-13 第一架 F-16C "夜鹰" 批次 40 战斗机

批次 50/52 也被称为 CJ/DJ 型，是美国空军自己装备的最后一个批号的F-16C/D。这批战斗机配备的 F100-PW-229 和 F110-GE-129 发动机都有 132kN 的加力推力。批次 50/52 飞机的最大特色是可挂载 AGM-88 高速反辐射导弹，该弹与武器

图 3-14 F-16C/D 装备的兰丁（LANTIRN）吊舱

发射计算机和挂在进气口右侧的目标瞄准吊舱配合，能执行压制敌防空系统的任务（SEAD）。批次 50/52 也是第一种综合 AGM-84 "鱼叉" 反舰导弹的 F-16 战斗机，该弹大大增强了 F-16 的防区外反舰能力，再加上外挂 2270L 的副油箱，批次 50/52 拥有很高的海上巡逻和攻击能力。批次 50/52 飞机的航电系统进行了更新，换装或加装搜索距离更远且可靠性更高的 AN/APG-68（V7）雷达、环形激光陀罗惯导系统、GPS、数据调制解调器、雷达告警接收机、曳光弹 / 箔条发射器、数字地形系统、夜视系统、先进敌我识别器、可编程显示驱动程序等。1999 年 5 月，希腊订购了称为批次 50+ 的 F-16C 战斗机，该机换装改进的 AN/APG-68（V）XM 雷达、两台大型平板彩色显示器、头盔瞄准具和数字地形跟踪系统等，同时也为批次 60 飞机

图 3-15 F-16 批次 50/52 战斗机也称为 CJ/DJ 型，具备发射 AIM-120、联合直接攻击弹药（JDAM）和联合防区外武器（JSOW）等最新武器的能力

的发展奠定了基础。

批次 50D/52D（此前有批次 50/、批次 50A/52A 和批次 50B/C）真正加强了压制 / 摧毁敌防空作战能力，首架于 1993 年 5 月 7 日交付给美国空军。与第 50/52 批次相比，第 50D/52D 批次的主要改进包括：加装了 1 台"哈姆"航电 / 发射装置接口计算机（ALIC），并可在进气道前部右侧挂 AN/ASQ-213"哈姆"瞄准系统（HTS）吊舱；扩大了数据传输设备的容量；升级了可编程显示处理机，使之能生成更多的色彩和地图；换装环形激光陀螺惯性导航系统等。该批次飞机完全兼容 AGM-88"哈姆"反辐射导弹，可利用该导弹的全部工作方式和性能。1996 年上半年之后交付的飞机又换装了 AN/ALE-47 箔条 / 曳光弹投放装置，自此该装置开始成为美国空军 F-16 的标准配置，早先的第 40/42/50/52 批次飞机也通过改进换装了该装置。美国空军在 1996—1997 年购买的第 50/52 批次 F-16（从 2000 年开始交付）进一步换装了机载制氧系统、模块化任务计算机、全彩色液晶显示器和彩色视频记录器，2000 年以之后购买的飞机又换装了 AN/APX-113 敌我识别装置。出口的第 50/52 批次飞机配装了诺斯罗普·格鲁曼公司的 AN/ALQ-165(V) 干扰机或雷神公司的先进自卫综合套件（ASPIS）。

批次 50+/52+ 是批次 50/52 的出口改型。主要的改进包括：可在机身两侧、翼根上部加装保形油箱，总载油量 1705L，并可在翼下内侧挂点挂 2271L 的大型副油箱；换装机载制氧系统；采用 1 台改进型模块化任务计算机；加装可支持 Link 16 数据链的通信设备；配装 AN/APG-68(V)9 雷达，增大了作用距离，并可提供高分辨力合成孔径雷达工作方式；可根据用户的需要配置自防御电子战系统；可集成导航 / 瞄准吊舱；换装敌我识别装置；配装数字式地形数据库；采用与夜视镜兼容的座舱内外部照明；采用 2 台 102mm×102mm 的多功能彩色显示器和头盔显示 / 瞄准系统，可使用 AIM-9X 导弹进行大离轴攻击等。其中的双座型均有突出的脊背（部分批次 50/52 的出口型已具有该特点，如新加坡空军的飞机），提供了 0.85m³ 的额外空间，其内容纳了航电系统/设备，并增加了额外的箔条/曳光弹投放装置和一些特殊的任务设备。双座型的后座可以是武器系统军官或飞行教官，其功能可通过一个开关转换。该型机的最大起飞重量增至21772kg。

F-16I"风暴"是出口以色列的双座攻击型。该型机由批次52+的F-16C/D发展而来，主要特点包括：配装F100-PW-229涡扇发动机，机身两侧、翼根上部加装保形油箱，并可在翼下内侧挂点挂2271L的大型副油箱；配装APG-68(V)9机械扫描多功能脉冲多普勒雷达等。该型机还集成了大量以色列研制生产的航电系统/设备，包括任务计算机、电子战系统、座舱显示器、头盔显示/瞄准系统和外挂管理系统等。该机还集成了以色列拉菲尔先进防务系统公司的"闪电"II侦察/瞄准吊舱。

● F-16E/F即批次60的F-16（20世纪90年代末—21世纪初）

批次60是目前最新的F-16型号（E/F型），它是由阿联酋投入部分资金发展并订购的，2000年3月正式签订订货合同，同年6月美国政府批准出口后开始研制生产。批次60代表着全新的F-16，具有全自动化、全天候精确瞄准目标和攻击能力以及增大的作战半径或航程，大大拓展了F-16的作战能力。批次60除脊背上装了两个巨大的保型油箱，外观上并没有太大的改变。虽然美国空军并不装备批次60飞机，但其机载系统特别是发动机、核心航电系统、电子战装备、飞控系统、座舱、传感器等均是全新的。

从批次升级幅度看，从批次50/52到批次60要大于批次30/32、4042、50/52。批次60的最大起飞总重从批次50的21770kg上升到23130kg；空重则从8700kg上升到9300kg，其原因是原来外挂的传感器和电子战吊舱几乎均改为了内置，包括导航用前视红外传感器、瞄准用前视红外传感器、自动地形跟踪系统和反辐射导弹瞄准系统。批次60飞机配备通用电气公司的F110-GE-132发动机，最大加力推力为145kN，比批次50的F110-GE-129发动机的132kN高10%。

因内置了很多电子战系统，批次60飞机的机体内部进行过重新设计，核心航电系统也因航电系统内置和阿联酋要求采用最先的航电系统而完全改变。任务计算机采用摩托罗拉公司的商用中央处理器，其处理速度和存储容量比批次 50 飞机所用的计算机高 40 倍。包括数字式飞控系统在内的全部软件程序总计有 200 万行以上，是由商用软件程序语言 C++ 编写或改写的。批次 60 采用由商用光纤技术构建的光纤高速数据网络，可将所有的新型任务航电系统连接在一起，光纤高速数据网络的数据容量是其他批次 F-16 所用的军用 1553 数据总线的 1000 倍，从而满足了批次 60 所有传感器产生的数据量需求，特别是有源相控阵雷达所产生的数据需求。

批次 60 改装的最先进航电设备是诺斯罗普·格鲁曼公司的 AN/APG-80 有源相控阵雷达，该雷达可交替进行空对空、空对地和地形跟踪工作模式，据称其空对空探测距离是批次 50 飞机所用的 AN/APG-68（V7）的两倍，并可获得高分辨率的合成孔径雷达地面图像。批次 60 改装或加装的其他航电设备主要包括：座舱内 3 台全新的彩色大型平板显示器（座舱内与机上照明全部符合夜视标准）、先进数据调制解调器、内置式 GPS/ 惯性导航系统、八机编队内部数据链、敌我识别应答机和固态数字式录像机，包括雷达告警接收机、电子支援措施系统和电子情报侦察系统（三者配合可提供反辐射导弹瞄准功能）在内的内置式电子战系统，未来还可能加装差分 GPS 着陆系

图 3-16 阿联酋空军装备的 F-16E/F（批次 60）战斗机

统和头盔显示器。新型传感器的增加，使得必须将原来使用的双重环控系统的能量翻番，从而为有源相控阵雷达固态发射 / 接收模块提供足够的液态冷却。另外，重新设计了大气数据系统，以提高可靠性并改善雷达性能，因而取消了位于机头的空速管。

美国空军负责作战事务的副参谋长 2011 年底表示，美国空军已决定对现役 300 ～ 350 架 F–16C 批次 40/50 战斗机进行新的升级改造以延长其服役寿命。这些 F–16C 批次 40/50 在此次升级改造中，将换装新型航电设备，并将机体寿命从 8000h 延长至 10000h。此次升级改造所需的资金将在 2012 财年预算中提出申请。据悉，美国空军之所以决定将这两个批次的部分 F–16C/D 进行新的升级改造，是为了在 F–35 "闪电"Ⅱ 联合攻击战斗机形成作战能力之前（有报道称 F–35 战斗机将很可能在 2018 年才能形成作战能力），使其战术战斗机队保持必要的规模和战斗力。

案例三：法国"勒克莱尔"主战坦克的渐进式发展

法国"勒克莱尔"主战坦克首辆生产型于 1992 年 1 月交付法国陆军，最后一批 52 辆坦克于 2007 年交付完毕。在这一过程中，法国陆军按生产批次对"勒克莱尔"坦克进行了逐步改进，形成了 Block Ⅰ型、Block Ⅱ型、

图 3-17 "勒克莱尔"坦克

Block Ⅱ+型（生产商奈克斯特公司内部也被称为Block Ⅲ型）等系列改进产品。

表3-3　"勒克莱尔"主战坦克主要改进

时间	批次	主要改进
1992—1996年	Block Ⅰ	基本型，共计132辆，主要针对欧洲的战场环境设计
1997—2003年	Block Ⅱ	178辆，主要改进包括空调系统、软件、车体侧面加装附加装甲板和坦克侧传动的燃油冷却器
2007年	Block Ⅱ+	改进包括： （1）改进了炮塔顶部和两侧的被动装甲； （2）车长和炮长瞄准镜采用了SAGEM公司的二代前视红外照相机，增强了坦克在近乎全天候条件下的目标捕获能力； （3）安装SIT Icone战场管理系统，采用Windows操作系统，可以为部队的指挥控制该进行数据通信，快速传输图表和无文本命令，并具有自动报告位置、自动汇总和发送弹药状况等功能； （4）安装泰勒斯公司的BIFF战场敌我识别系统，在通常情况下地对地的识别距离可以达到6km，空对地的识别距离可达到8km

案例四：美国战术级作战人员信息网的渐进式发展

渐进式发展不仅在武器装备平台上体现较为明显，也是当前电子信息装备发展的一种主要方式。

美军战术级作战人员信息网（WIN-T）通过基于地面、机载和空间的通信系统，提供现代化的组网技术，为战场上的高速话音、数据和视频通信提供保密网络干线，为战区部队提供更高的机动带宽和更强的组网能力，赋予作战人员运动中态势感知能力以及同步作战能力。WIN-T自1999年立项至今阶段性部署，主要分为4个"增量"，逐步实现从临时驻停到"动中通"的通信组网能力。

增量1

WIN-T"增量1"前身是联合网络节点（JNN），为营级部队提供话音、数据和视频传输能力，配置在在轻型多用途方舱中。"增量1"采用时分多址卫星通信技术，使用卫星链路进行超视距通信时，要求车辆必须停下来安装和配置设备（停驻通信）。"增量1"分为"增量1a"——"扩展型停驻间组网"和"增量1b"——"增强型停驻间组网"。"增量1"是美国陆军战术通信骨干设备，是旅级部队和师部的主要支柱，目前在77个旅战斗队中，以及有70个部署了"增量1"，占现役部队的90%以上和整个部队的60%以上。

增量 2

WIN-T"增量 2"通过卫星通信和大容量视距电台提供初始动中通宽带组网能力，实现 WIN-T 初始作战能力，"增量 2"目前进入低速初始生产阶段，2012 年装备部队并形成初始作战能力。

增量 3

WIN-T"增量 3"在原有增量的基础上，利用无线电、宽带卫星通信系统、视距波形、视距空中中继以及综合网络运行，提供更加鲁棒的链接能力和更强的网络接入能力。"增量 3"利用无人机载通信载荷，实现空中中继，保证了持续的移动通信。"增量 3"计划 2013 年装备部队。

增量 4

WIN-T"增量 4"原计划增加转型卫星通信（TSAT）能力，但随着该项目的取消，"增量 4"目前仍处于待定阶段，预计将增加对卫星传输能力的保护。

第二节 拓展功能

　　武器装备的渐进发展能够提升装备性能，同时也可能伴随着拓展功能。但是一些情况下，武器装备的改进有可能并不经历批次化的生产，其主要目的是为了拓展装备的作战功能。舰艇、飞机、坦克装甲车辆、火炮等武器装备都有发生这种拓展功能的改进。

案例一：美国在 E-2C 预警机基础上改进发展 E-2D，拓展对地监视能力

　　为了满足美国海军近海作战或陆上作战，以及战区导弹防御的需要，美军在 E-2C"鹰眼 2000"预警机的基础上改进发展 E-2D"先进鹰眼"预警机。后者用 AN/APY-9 有源相控阵雷达替换了前者的 AN/APS-145 雷达。由于 AN/APY-9 有源相控阵雷达采用了空时自适应处理技术，提高了抗地面杂波能力，使 E-2D 预警机不仅具有了优良的对空监视能力，还具有了优

良的对地监视能力，拓展了监视功能。此外，E-2D 预警机还装备了红外搜索跟踪系统，新增了导弹预警功能。E-2D 预警机内的指挥控制中心能融合机内外传感器获取的目标信息，并可通过数据链分发给舰载"宙斯盾"作战管理系统，完成战区导弹防御任务。

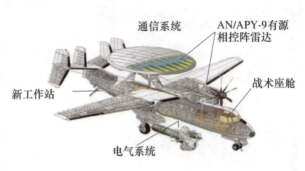

图 3-18 E-2D 的配制图

案例二：美国改进"海玛斯"轻型多管火箭炮，拓展其发射防空导弹的能力

为了评估防空炮兵和野战炮兵融合后的潜在效能，美国陆军在 2009 年大胆地提出了通过对现有的"海玛斯"（HIMARS）轻型多管火箭炮系统进行改造，使其具备发射防空导弹的能力的设想，并开展可行性研究。由于"海玛斯"火箭炮系统的可部署性强，具备战术上的灵活性，并可用 C-130 中型运输机空运，具有成为通用发射平台的充足理由。美国陆军希望它能够

图 3-19 "海玛斯"（HIMARS）轻型多管火箭炮系统

实现火箭弹、防空导弹发射平台通用化目标，以攻击地面和空中目标等多种目标。2009 年 3 月，"海玛斯"成功试射了两枚由陆射型先进中程空空导弹（SL-AMRAAM）改进的防空导弹，试验中，改进型导弹发射导轨集成 ATACMS 发射箱中，"海玛斯"使用火控系统升级软件成功发射 AMRAAM 导弹。

案例三：美国改进 AN/TPS-59 雷达，拓展其战术弹道导弹探测能力

美国 AN/TPS-59 雷达是世界上第一部全固态、远程对空监视相控阵三坐标雷达。1997 年，洛克希德·马丁公司在 AN/TPS-59 雷达的基础上发展了新型的 AN/TPS-59(V)3 雷达，保留了原来的对空监视功能，增加了探测战术弹道导弹的功能。AN/TPS-59(V)3 雷达保留了 AN/TPS-59(V) 雷达天线阵列，而替换了大部分阵列以外的电子设备，能够精确预测导弹的发射和弹着点，并向防御武器系统发送信号以防御来袭的威胁目标。该雷达能够同时探测多个目标，可探测并跟踪诸如飞机和巡航导弹之类的空中目标。2007 年 5 月，AN/TPS-59(V)3 又经过升级改造，提高了反电子干扰作战、航线交通管制和战区弹道导弹监视能力。

第四章
武器装备的改型

　　利用原有的武器装备改型发展新型武器装备也是国外武器装备发展的重要途径。改型与改进有些相同之处，即都是在原有武器装备的基础上发展出新的武器装备。不同之处在于，由改进发展而来新武器装备延续原有武器装备的功能，只是在性能或功能上有些变化。而改型则是在原有武器装备基础上发展出用途完全不同的装备。从各国武器装备的实践看，武器装备改型发展所常用的方式主要有衍生发展和民转军。

第一节　衍生发展

　　衍生发展主要是在母型的基础上发展出功能完全不同的装备。这种发展常见于飞机、装甲车辆和舰船等平台类的武器装备。

　　美国空军部分现役武器装备是由衍生发展而来的。例如，美国在 C–130 和 C–130J 战术运输机基础上衍生发展了等多种特种军机；在 F/A–18F "超级大黄蜂"双座舰载战斗 / 攻击机基础上衍生出 EA–18G "咆哮者"电子战飞机。美国陆军则以一种 8×8 车型作为基型车，衍生发展出著名的 "斯特赖克" 8×8 轮式装甲车族。

案例一：C-130 运输机的衍生发展

　　C-130 是美国洛克希德·马丁公司研制的四发涡桨战术运输机，从 1956 年即开始投入使用，是目前世界上装备数量最多的中型战术运输机，一些改型至今仍在大量生产和出口。经过 50 多年的发展，C-130 飞机已有大量衍生机型。根据不完全的统计，改自 C-130H 的型别多达 25 种，改自 C-130A 的有 7 种，改自 C-130B 的有 7 种，改自 C-130E 的有 10 种。

图 4-1 C-130 运输机

C-130 的改型飞机可分为几个大的系列,即 C-130 系列、AC-130 系列、DC-130 系列、EC-130 系列、HC-130 系列、KC-130 系列、MC-130 系列、RC-130 系列和 WC-130 系列。C-130 系列为运输型,其余系列均为在其基础上发展的、以执行其他任务为主的改型系列,其中主要的特种军机衍生系列有:AC-130 系列为对地攻击型,EC-130 系列是电子战型,KC-130 系列为空中加油型,RC-130 系列为侦察型。

C-130 衍生机型之一——AC-130

AC-130 系列主要有:

● AC-130H "幽灵"。C-130H 的武装型。由洛克希德公司负责改装,1989 年 9 月开始试飞,1990 年中期完成了首架飞机的改装,共改装 9 架,1993 年交付完毕,全部装备第 16 特种作战中队。有空中加油能力,装有红外传感器、微光电视和侧向平视显示器,可在夜间发现和瞄准目标。机上武器包括 105mm 榴弹炮、40mm 加农炮和 2 门 20mm 转管炮。截至 2006 年底还有 8 架在使用。

● AC-130U "鬼怪"。新的武装型,由波音公司负责改装。合同于 1987 年 7 月 6 日签订,总金额 1.55 亿美元。1989 财年投资制造原型机,1990 年 12 月 20 日原型机完成了改装后的首飞。截至 2006 年底,美国空军已装备 16 架,也由第 4 特种作战中队使用。装有 AN/APQ-180 数字式火控雷达,AN/AAQ-117 前视红外传感器、电视传感器和侧向平视显示器,主要武器包括 105mm 榴弹炮、40mm 加农炮和 GAU-12/U 六管 25mm 转管炮。

图4-2 AC-130U 对地攻击机

C-130 衍生机型之二——EC-130

EC-130 系列的主要型别有 EC-130E/H/V。其中 EC-130E 又有多种子型别，包括：

● EC-130E ABCCC（机载战场指挥控制中心），共有4架，由空中作战中心使用，后被改装成 HC-130P；

● EC-130E "轻松莱维"，侦察型，共5架，装有"高级侦察员"侦察系统；

● EC-130E "突击队员独奏"，心理战型，装有电台和电视广播系统，后被 EC-130J 取代；

● EC-130H "罗盘呼叫"是通信和指挥控制干扰型，共15架（其中1架用于训练，14架用于作战），仍在不断升级改进；

● EC-130V 是美国海岸警卫队的预警型，在 HC-130H 的机体上安装 E-2C 预警指挥机的 AN/APS-125 雷达，1991 年7月首飞。

C-130 衍生机型之三——KC-130

KC-130 是美国洛克希德公司（今洛克希德·马丁公司）为美国海军陆战队和美国海军研制的空中加油 / 运输机，由不同型别的 C-130 运输机改进而来，先后有 KC-130F、R、T 等型别服役。

C-130 飞机的主要型别有：

● KC-130F。1957 年8月，2架美国空军的 C-130A 被美国海军陆战队借去，在机身内安装了2个各载油 1915L 的油箱，并在机翼下安装了2个带有软管 - 锥套设备的吊舱。由于试验很成功，美国海军采办了 46 架。首架生产型于 1960 年1月 22 日首飞，1962 年2月1日交付，到当年11月交付完毕。该型以 C-130B 的机体为基础，最初安装原美国艾利逊公司（今英国罗尔斯·罗伊斯公司）的 T56-A-7 涡桨发动机，后来改装单台功率为 3660kW 的 T56-A-16，增加了1个 13627L

的可拆卸机身油箱和 2 个翼下加油吊舱，每个吊舱的最大输油率达 1135L/min，还可输送本机原有的余油。在 20 世纪 80 年代末到 90 年代初进行了延寿。美国海军陆战队已选择 KC-130J 来取代所装备的 37 架该型机，至 2008 年 6 月，美国海军陆战队共装备 KC-130F 加油机 20 架。

●KC-130R。由 C-130H 改装，装有更大功率的发动机，增大了最大起飞重量，还增加 10200L 的外挂油箱，货舱中增加 1 个 13600L 的可拆卸油箱。在距离基地 1850km 处执行空中加油任务时可供油 32830L。共改装了 20 架。飞机于 1976 年开始移交给驻加利福尼亚州埃尔托罗的第 352 空中加油机/运输机中队，到 2008 年 6 月共有 14 架装备海军陆战队第 252 和第 352 中队。

●KC-130T。KC-130R 的改进型，装有更新的电子设备、新的搜索雷达和改进的导航系统。从 1983 年开始共有 20 架（以及 2 架加长的 KC-130T-30）陆续交付给了美国海军陆战队第 234 和第 452 加油机中队。KC-130T-30 是加长型 C-130H 的空中加油型，其机身加长了 4.57m，用于人员运输时搭载士兵的数量由 92 名增加到 128 名，用于医疗救护时搭载担架伤病员的数量从 74 名增加到 97 名，用于空降时搭载伞兵的数量由 64 名增加到 93 名，可载 5 个标准货盘。但飞机的可输出油量和起飞重量比 KC-130R 没有增加。首批 2 架 KC-130T-30 是将生产中的 2 架 C-130H 直接改装的，分别在 1991 年 10 月和 11 月交付。后来又采办 2 架，于 1995 年 10 月交付，至此美国海军陆战队共装备该型机 24 架。从 2006 年开始陆续进行升级，加装了与 KC-130J 相同的夜视系统和防御性电子战系统。

图4-3 KC-130 加油机

C-130 衍生机型之四——RC-130

RC-130 系列的主要型别有 RC-130A/B/H。RC-130A 改装自 C-130A，用于军事地图测绘，机头雷达罩下有一雷达天线罩，机身底部增开照相窗口，有 5 名机组人员，共生产 16 架，1959 年交付完毕。RC-130B 为航空探测和侦察型，改装自 C-130B。RC-130H 是出口摩洛哥的非官方改型机，共 2 架。

案例二：C-130J 运输机的衍生发展

C-130J "超级大力士" 是美国洛克希德·马丁公司在早期 C-130 的基础上研制的改型四发涡桨战术运输机，1998 年开始交付美国空军。与早期的 C-130 战术运输机相比，C-130J 重点提高了经济性、使用灵活性和升级潜力。该机的总体布局未变，但换装了新的发动机、螺旋桨、机电系统/设备和航电系统，显著简化了结构和组成，提高了性能和可靠性，减少了机组人员，主要维护性指标设计值提高 50%，使 1 个装备有 16 架飞机的中队对人力的需求减少 38%。与 C-130H 相比，全机组成的改动量达到约 70%。

图 4-4　C-130J 运输机

C-130J 现有的衍生型主要包括：

● EC-130J"突击队员独奏"。心理战改型，1997 财年获得第一架的合同资金。由于在为飞机集成新型 60/90kW 发电机时出现问题，原定形成 IOC 的时间由 2003 年底推迟到 2004 年，2004 年 9 月首架 EC-130J 交付空中国民警卫队第 193 特种作战中队。截至 2009 年 6 月，美国空军已装备 7 架。

图 4-5 EC-130J

● KC-130J。C-130J 的加油机型，用来替换美国海军陆战队的 KC-130F。KC-130J 可为固定翼或直升机进行空中加油，加油时飞行速度可以在较大的范围内调节（大致为 185~500km/h），比以往的机型更有弹性。该型独特的螺旋桨顺桨性能可使在保持发动机运转的情况下提供比过去更安全和更舒适的加油环境。

图 4-6 KC-130J 空中加油机

KC-130J 的加油能力比之前的 KC-130 加油机提高最多达 50%。燃油系统由可用作加油系统的通用交叉管线、横向燃油供给系统、地面加油系统和放油系统组成。最初计划装英国飞行加油公司的 Mk 32B-901E 软管-锥套加油吊舱。它由微处理机控制，电驱动的加油软管卷轴单元保证了更高的可靠性、燃油流量和受油机兼容性。该系统允许在软管末端调整输油压力和燃油流量，以更好地适应各种受油机系统。每个加油吊舱的加油速度可同时达到 1140L/min。2 个吊舱内的冲压涡轮驱动的加油推进泵改善了燃油的输送能力。但在试飞中发现该吊舱的伸出部分受紊流影响较大，使管、套结合处出现裂纹，而通过修改软件程序很难在短时间内解决此问题，因此仍沿用了早期 KC-130 飞机所采用的萨金特——弗莱彻 48-000-4826 型软管—锥套加油吊舱，最大输油率为 1250L/min。

KC-130J 在任务半径为 930km 时，仅使用机翼油箱和外部油箱就具有 32010L 的加油能力。如使用货舱油箱，加油能力可以再增加 13560L。该机的低空低速飞行性能较好，便于为直升机提供空中加油。KC-130J 的载重能力明显超过了之前的 KC-130，在 1850km 范围的加油能力可超过 20410kg、约 25000L。特别是该机不再需要目前 KC-130 加油机所需的货舱油箱，货舱可以用于运载货物和装备，因此提高了飞机的任务弹性。该机执行运输任务时主舱可容纳 92 名士兵或 64 名伞兵；或 74 名担架伤病员和 2 名医护人员。

案例三：F/A-18F 战斗机衍生发展出 EA-18G 电子战飞机

EA-18G 是美国波音公司在第 2 批次 F/A-18F "超级大黄蜂"双座舰载多功能战斗机的基础上、为美国海军研制的一种电子战飞机，用来替换美国海军的 EA-6B，主要用于电子战支援和空中电子攻击，可执行雷达干扰、通信干扰、摧毁敌防空、电子监视和信号情报侦察等任务，同时保留了 F/A-18F 舰载战斗/攻击机的全部作战能力。

与 EA-6B ICAP-3 相比，该机的主要优势是：飞行速度更快、高度更高，可跟上战斗机的速度，有利于提供护航干扰和扩大干扰覆盖，飞行包线覆盖了 AN/ALQ-99（V）吊舱设计使用包线的绝大部分，能更好地发挥该吊舱的能力；具有全面的空战和对地攻击能力，任务灵活性更好；与舰载机联队中的 F/A-18F 具有很高的通用性，简化了后勤保障，节省了改装训练所需的时间和费用；可靠性、维护性、保障性提高，使用成本显著降低，每飞行小时只需要 49 个维护工时（EA-6B 需要 60 个），每飞行小时的成本预计

图 4-7 EA-18G "咆哮者" 电子战飞机

为 7400 美元（EA-6B 为 17000 美元）。该机已被确定为美国海军 2020 年航母舰载机联队编成构想中的关键组成机种之一。

EA-18G 与第 2 批次 F/A-18F 的通用程度超过 90%，其中结构零部件有 99% 通用；飞行性能和作战能力也与 F/A-18F 基本相同或相当，着舰载重提高了 1820kg。二者不同之处主要包括：

◆ 机体

翼尖装有 AN/ALQ-218（V）电子战接收机的吊舱，机体其他一些位置也增设了天线。为了给翼尖吊舱提供良好的工作环境，该机先于 F/A-18E/F 引入了美国海军在 F/A-18E/F "跨声速飞行品质提升"（TFQI）计划中发展的气动改进措施，与尚未实施改进的 F/A-18F 产生了如下区别：重新设计了前缘锯齿，并在锯齿与内段机翼前缘之间增加了圆滑的过渡；每侧机翼的上表面有 1 个长 1.5m、高 0.125m 的翼刀；用坚固的机翼折叠铰链整流罩取代了 F/A-18E/F 的多孔整流罩；在副翼铰链线前方加装了 2 个倾斜的条带，组成了一个高约 9.5mm 的三角形。这些改进解决了 F/A-18F 的机翼跨声速抖振和副翼在进行高过载机动飞行时产生啸鸣的问题。此外，该机还用装有任务设备的机箱取代了 F/A-18F 的航炮舱。

◆ 任务系统

在形成初始作战能力时，EA-18G 的任务系统是以 EA-6B ICAP-3 的系统为基础改进而成的，其主要组成部分包括：通信系统、AN/ALQ-218（V）2 电子战接收机、AN/ALQ-99F（V）干扰吊舱和 AN/ALQ-227（V）1 "通信对抗系统"（CCS）。

除了与进攻性电子战有关的部分外，EA-18G 的其他任务系统/设备与第 2 批次的 F/A-18F 完全相同。美国海军为 F/A-18E/F 所规划的改进均适合 EA-18G。EA-18G 取消了航炮，但保留了 11 个外挂点，可使用 F/A-18E/F 的各种武器。除翼尖挂点固定安装 AN/ALQ-218（V）接收机吊舱外，其余 9 个挂点一般挂 3 个 AN/ALQ-99F（V）干扰吊舱、2 枚 AGM-88 反辐射导弹、2 枚 AIM-120 中距空空导弹和 2 个 1820L 副油箱。其中，机腹中线可挂低波段或高波段干扰吊舱，翼下可挂高波段干扰吊舱。

案例四：美军衍生发展"斯特赖克"8×8轮式装甲车族

美国陆军以一种 8×8 车型作为基型车，在该车底盘的基础上，衍生发展出各种具有不同作战功能的装甲车辆，形成了著名的"斯特赖克"8×8轮式装甲车族。

> 2000 年 11 月，通过竞标，美国陆军选定通用动力地面系统加拿大公司的 LAV-III 8×8 轮式装甲车，以此为基础开发出"斯特赖克"装甲人员输送车，然后以装甲人员输送车为基型车，共衍生出 9 种变型车，包括迫击炮载车、反坦克导弹车、侦察车、指挥车、火力支援车、工兵班车、医疗后送车、核生化侦察车、机动火炮系统。"斯特赖克"装甲车所有变型车的战斗全重均不超过 19t，都能用 C-130"大力神"及更大型的 C-17 和 C-5 运输机空运，一个作战旅所装备的"斯特赖克"装甲车将有 85% 的部件相互通用，可以大大降低军队的采购费用，也可以大大降低部队的后勤保障负担。到目前为止，除核生化侦察车和机动火炮系统之外，其他车型均已定型装备部队。目前美军将装备"斯特赖克"车族的部队称为"斯特赖克"旅。

图 4-8 美国陆军"斯特赖克"装甲车族

"斯特赖克"车族的基型车是装甲人员输送车，该车的动力舱位于车体前部右侧，驾驶员位于车体前部左侧，除驾驶员和车长外，后部载员舱可搭载 9 名全副武装的士兵。车顶装备挪威康斯堡公司的遥控武器站，武器站上可装 1 挺 M2 式 12.7mm 机枪或 1 具 MK19 式 40mm 榴弹发射器、M6 烟幕弹发射器和武器热瞄准具。

"斯特赖克"迫击炮载车是通过对装甲人员输送车的载员舱进行结构改造后，使其能够搭载 1 门 120mm 迫击炮和 4 名士兵，用于为作战部队提供近距火力支援。迫击炮载车包括 A 型和 B 型两种，A 型不具备车上发射能力，射击时需要由士兵将迫击炮搬下车在地面发射，B型则具备了车上发射的能力。

"斯特赖克"反坦克导弹车装有"陶"II反坦克导弹，可搭载4名乘员，用于增强部队的反坦克打击能力。

"斯特赖克"侦察车有7名乘员，包括5名士兵，用于协助侦察、监视与目标捕获中队和侦察连执行侦察和监视作战任务，其炮塔上装备有远程搜索监视系统。

"斯特赖克"工兵班车有11名乘员，包括9名士兵，车上可安装地雷轧辊、地雷犁和/或地雷探测系统。

"斯特赖克"火力支援车有4名乘员，具有较强的监视、目标捕获、目标识别/确认和通信能力，可以为火力支援小组提供目标指示、自动指挥与控制能力。

"斯特赖克"核生化侦察车可搭载4名核生化小组成员，车上装有三军联合轻型远距离化学战剂探测器、Block II型生化质谱仪等核生化探测设备以及气象系统和超压系统，能够在运动中通过点探测器以及在远距离通过使用远距离探测器，探测和采集其当前环境中的化学、生物、辐射、核污染及有毒工业材料污染，并自动将来自探测器的污染信息和来自车载导航和气象系统的输入集成，通过机动控制系统自动向随进部队发送数字核生化告警信息。

"斯特赖克"医疗后送车专门用于伤员后送，还可用于运送医师以及伴随士兵作战，该车可搭载3名救护小组成员以及4副担架或6名伤员，车上装有完善的照明和医疗救护设备，医师能够在行进途中对伤员进行紧急护理。

"斯特赖克"指挥车是指挥分队的作战平台，车上装有C⁴ISR组件，可搭载3名指挥人员，通过在所有友军各自的作战区域内使用相关作战图像，指挥车可使指挥人员同时具备观察与连续指挥战斗的能力。

"斯特赖克"机动火炮系统是"斯特赖克"旅的主要火力支援系统，车上可搭载3名乘员，装有一门顶置105mm滑膛炮，具有行进间射击能力，可用于摧毁敌方坚固掩体、机枪和狙击步枪阵地。车上装载有18发105mm炮弹、400发12.7mm子弹和3400发7.62mm子弹。在"斯特赖克"装甲车族中，除反坦克导弹车、火力支援车、侦察车和医疗后送车之外，其他车型均装备遥控武器站。

第二节 民转军

在国外武器装备发展中，有一种现象也较为常见，即在成熟的民用平台或产品的基础上，改型发展出适应作战的武器装备。美国空军的很多作战飞机或支援保障飞机都是由民用飞机发展而来。例如波音公司作为世界上最大的两大民用飞机制造商之一，长期以来非常注重利用民用飞机改型发展军用支援保障飞机，已经在多型民用飞机改型发展为军用支援保障飞机。

案例一：波音737衍生发展出预警机和海上飞机

由波音737中型客机的基础上改型发展的E-737预警机目前已获得不

图4-9 E-737预警机

俗的销量。该机配
备诺斯罗普·格鲁
曼公司的雷达，在
机身顶部安装长条
形的固定电子扫瞄
阵列天线，后机身
下部加装两个腹鳍，
用以弥补天线整流
罩带来的气动影响。

图 4-10 P-8A 多用途海上飞机

其机舱内设有 10 个
控制台和 2 个备用控制台，货舱内加装多个油箱，使飞机仅凭机内燃油即可
巡逻 8h。

波音 737 还被美国海军改型发展为 P-8A 多用途海上飞机，用于取代现
役的 P-3 反潜机。除了加装各种任务设备之外，P-8A 还改变了波音 737
的基本机体结构，以增加机内武器舱和武器外挂点。

案例二：波音 767 衍生发展出预警机和空中加油机

除了波音 737 之外，波音 767 是波音公司最重要的"民改军"机型，
已有预警机和空中加油机两种改型。

E767 预警机基于波音 767-200ER 平台，配备诺斯罗普·格鲁曼公
司的 AN/APY-2 雷达，任务系统则与早期的 E-3 预警机基本相同。为满
足预警任务对电力的巨大需求，该机将原来每台发动机驱动 1 台 90kW 发
电机，改为每台发动机驱动 2 台 150kW 发电机，并由辅助动力装置驱动
1 台 90kW 发电机。目前，E767 预警机已在日本航空自卫队服役，距基
地较远（1850km）时其巡逻时间可达 8h，距基地较近（560km）时巡逻
时间可达 1.3h。

由波音 767 改型而成的 KC-767 空中加油机，现已开始交付日本航空

◀ 图 4-11 E767 预警机

▶ 图 4-12 KC-767 空中加油机

自卫队和意大利空军。由波音 767 改型而成的 KC-46 加油机已在美国空军新型空中加油机项目竞标中战胜了 EADS 公司的 KC-45。

案例三：波音 777 将衍生发展空中加油机

在 2009 年巴黎航展上，波音公司宣布将在波音 777 客机基础上推出 KC-777 加油机，用于取代美国空军现役的 KC-10 加油机。

第五章
地面武器系统升级改造

地面武器系统主要包括坦克装甲车辆、火炮、轻武器、弹药和光电信息装备。在外军地面武器装备的发展历程中，各类武器装备的升级改造在不同的时期都有各自不同的重点和特点。进入 21 世纪之后，在新军事技术快速发展和新军事战略调整的影响下，外军地面武器装备的升级改造进入一个新的高潮，升级改造不仅成为各主要国家陆军推进装备现代化的重要手段，新的技术研究成果也主要通过升级改造的方式被不断应用于地面武器装备之中，显示出升级改造已经成为外军地面武器装备发展的主要途径之一。

第一节 坦克装甲车辆

坦克装甲车辆作为地面作战的主要突击力量，是陆军进攻力量的支柱，也是陆军武器装备体系的主体。自 20 世纪 80 年代第三代主战坦克研制完成并装备部队之后，升级改造就一直是世界主要国家维持和提升其坦克装甲车辆装备作战性能的主要手段。根据主要国家的陆军武器装备发展规划，未来，升级改造现有坦克装甲车辆依然是其陆军装备现代化工作的重要内容。从目前国外的发展情况看，坦克装甲车辆升级改造的重点主要集中在以下几个方面：

●通过大量集成信息化设备和技术，增强信息化作战性能

随着信息技术的快速发展，信息化作战性能被认为是继机动、防护、火力三大性能之后坦克装甲车辆的第四大性能，信息化改造也逐渐成为外军坦

克装甲车辆升级改造的核心内容，目的是通过集成车辆综合电子系统、数字化火控系统、定位导航系统、敌我识别系统、威胁告警与对抗系统、故障检测与诊断系统等信息化设备，大幅提升坦克装甲车辆的战场态势感知、指挥控制、快速反应、精确打击和综合防护能力。

案例：美军"艾布拉姆斯"主战坦克的信息化改造

美国陆军对"艾布拉姆斯"主战坦克的信息化改造被认为是坦克装甲车辆信息化改造的成功典范。从 M1A1 开始，美国陆军就将现役"艾布拉姆斯"坦克升级改造的重点放在增强其信息化性能，并发展出 M1A1D、M1A2、M1A2 SEP 等多种型号。

图 5-1 "艾布拉姆斯"主战坦克

M1A1D 是"艾布拉姆斯"坦克综合管理（AIM）大修计划的产物，由于经过该计划改造的 M1A1 坦克增加了许多数字化设备，这些坦克被称作 M1A1D，D 指"数字化"。M1A1D 坦克的信息化改造内容包括加装了 21

世纪部队旅及旅以下作战指挥系统（FBCB2）、GPS 接收机、人眼安全激光测距仪、增强型定位报告系统（EPLRS）和增强型单信道地面与机载无线电系统（SINCGARS），以及互联网设备等，并用数字化组件取代原有的炮塔模拟电路网络数据箱（TNB）和车体模拟电路网络数据箱（HNB），它们拥有 VME 总线接口卡插槽，以便于未来进一步增加新的设备和功能。

与 M1A1D 相比，M1A2 坦克的信息化改造更加全面和充分，主要包括：M1A2 坦克首次安装了被称为"车际信息系统"的车辆综合电子系统，该系统用 MIL-STD-1553B 多路传输数据总线将车辆的主计算机和通信装置与乘员显示控制装置、车长独立热像仪、火控系统、发动机数字式电子控

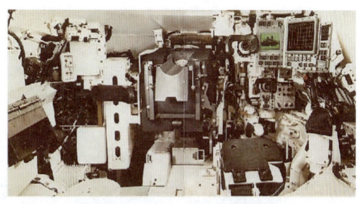

图 5-2　M1A2 坦克内部的数字化电子信息系统

制装置、定位导航等有关电子分系统连成一体，实现了各分系统信息交换及数据共享，并用来控制数据传递顺序，有次序、有选择地向乘员提供系统的工作状况和参数，还可以通过电台将车辆主要信息传送到上级指挥车辆，大大提高了 M1A2 坦克的战场指挥与控制以及协同作战能力。

此外，M1A2 坦克还改进了车长武器站；为车长配备了采用模块化结构设计的独立热像仪，不仅可用于观察还可向炮长传递目标信息；加装了定位导航系统，使车辆的公路行军时间缩短了 42%，油耗比规定指标降低了 12%，任务行驶里程减少了 10%，车辆方位报告精度提高到 99%；改进了车体/炮塔电子设备，集成了简单的"嵌入式"故障测试与诊断装置；增加了直接支援电子系统测试设备、直瞄/双轴头盔组件；改进了车长综合显示器、驾驶员综合显示器、火控电子设备、炮长控制与显示面板；加装了车体动力

分配装置、车体/炮塔位置传感器和无线电接口。由于在 M1A2 坦克中，数字化设备已经占到 90%，因此 M1A2 坦克也被称为"信息时代的第一个地面武器平台"。

继 M1A2 之后，美国陆军又研发了 M1A2 坦克系统增强组件（SEP），用于 M1A1 和 M1A2 坦克的进一步升级改进，采用了这些升级组件的 M1A2 坦克被称为 M1A2 SEP 坦克。M1A2 SEP 坦克的改进主要包括：彩色战术显示器；键盘；语音合成；数字地形地图；扩大存储器容量；改进处理器；21 世纪部队指挥控制软件；增强型定位报告系统；全球定位系统；改进型电子组件接口；采用标准陆军构架；装甲保护下的辅助动力装置；乘员舱冷却空调系统；改进的动力分配系统；提高部件可靠性。此外，M1A2 SEP 坦克还可以使用美国陆军横向技术集成项目开发的新系统，包括：采用二代前视红外技术的车长独立热像观察仪；采用二代前视红外技术的炮长主瞄准具；作战识别系统；多用途化学战剂探测器；人眼安全激光测距仪。一辆 M1A2 坦克升级为 M1A2 SEP 的费用约为 560 万美元。

● **采用新型防护系统和技术，增强防护性能**

坦克装甲车辆是地面武器装备中担负突击作战任务的主体，在作战中最易遭到敌人的打击。随着各种反装甲武器技术的发展，为了保证现役坦克装甲车辆始终具有对抗最新威胁的能力，采用新的防护系统和技术对其进行升级改造是必不可少的方式。

案例一：法国"勒克莱尔"主战坦克提高防护能力

法国武器装备总署早在 2002 年就开始根据法国陆军 2015 年建设框架研究进一步升级"勒克莱尔"主战坦克的方案，并将其称为 2015 型"勒克莱尔"坦克。其中提高防护能力是改进重点之一，根据设想，2015 型"勒克莱尔"坦克将采用多层防御手段。第一层是隐身，目前法国奈克斯特公司已经利用 AMX-30 主战坦克研制了一辆隐身技术演示样车，并且正在评估供"勒克莱尔"坦克使用的 KDFM 多频谱隐身组件。第二层是软杀伤主动防护，将采用能够探测和干扰反坦克导弹和制导型坦克炮弹的 KBCM 主动防护系统，提高坦克对制导型反装甲武器的防御能力。第三层是能够摧毁来袭弹药的硬杀伤主动防护，可能采用 Spatem 拦截型主动防护系统，该系统能在 50m 距离上探测到来袭弹药，在 5m 处实施拦截。此外还可能安装采用了钛金属的新型重型装甲。

为了适应城市作战的需求，法国还在 2006 年推出了在现役"勒克莱尔"主战坦克基础上改进而成的 AZUR "勒克莱尔"坦克，其中防护性能改进是重点，包括：安装了增强型防护组件，加强了车体两侧和后部的防护能力；新型侧裙板由先进的复合材料制成，覆盖在乘员舱两侧；车体和炮塔尾部安装了格栅装甲，用于抵御 RPG 火箭弹；动力舱后上方也采取了加强措施，以防御汽油炸弹；为了提高近距离防御能力，车顶安装了遥控 7.62mm 机枪；新设计的全景瞄准具可以使车长快速进行 360° 环视。这些防护组件均采用了模块化设计，一辆标准型"勒克莱尔"主战坦克不需要任何专用工具就可以在 12h 内安装完这些升级组件。

案例二：德国"豹"2 坦克增强城区环境中的生存力

德国克劳斯—玛菲·威格曼公司 2006 年也推出了一款针对城区作战环境改进的"豹"2 坦克，称为"豹"2 维和行动（PSO）坦克。为了增强"豹"2 坦克在城区环境中的生存力，该坦克安装了克劳斯—玛菲·威格曼公司新研制的防地雷组件，以提高坦克对反坦克地雷和爆炸成形弹丸的防御能力。前 5 个负重轮的上部安装新型装甲侧裙板，炮塔上附加侧装甲的安装面积一直延伸到炮塔尾部。车上安装了综合指挥控制系统，光学设备都采取了保护措施。车首加装用于清障的刮铲。无论是"豹"2A4、A5 还是 A6 型坦克，均可以通过加装相应组件成为维和行动坦克。

此外，德国近年来还一直在进行着为"豹"2 坦克加装主动防护系统的研究工作。克劳斯—玛菲·威格曼公司已经将 EADS-LFK 公司研制的 MUSS（多功能自卫系统）干扰型主动防护系统安装在"豹"2 坦克上进行

图 5-3 "豹" 2 维和行动坦克

试验，目前该系统已经被批准安装在德国陆军新装备的"美洲狮"步兵战车上，未来极有可能用于"豹" 2 坦克的升级改进。

● 换装新型武器系统，增强火力

对于坦克装甲车辆而言，防护和火力是"矛和盾"的两个方面，坦克装甲车辆防护性能的不断改进，也必然带来对增强火力的需求。从目前国外的发展情况看，坦克装甲车辆增强火力的主要改进方式是换装新型武器系统。

案例一：英国增强"武士"步兵战车的火力

为了增强现役"武士"步兵战车的火力，英国陆军启动了"武士"步兵战车杀伤力增强计划（WLIP），该计划对"武士"步兵战车的杀伤力需求包括：能够攻击 2000m 外的机动目标，同时平台能够在昼夜环境下机动；能够发射曳光尾翼稳定脱壳穿甲弹打击车辆，使用空爆弹打击敌方步兵。目前参与该项目竞标的方案有两个，一个是 CTA 国际公司的 40mm

图 5-4 安装 40mm 埋头弹武器系统的"武士"步兵战车

埋头弹武器系统，与"武士"步兵战车原来配用的非稳定式30mm自动炮相比，40mm埋头弹武器系统配有双向稳定系统，射击精度更高，而且结构更紧凑、初速更高，射程更远、侵彻力更强、性能更可靠。为了降低全寿命周期成本，一些子系统采用了现有"武士"炮塔的组件，例如舱盖、炮塔伺服系统和昼用潜望镜等。预生产型炮塔中还为安装"弓箭手"通信系统和泰勒斯公司的热像仪预留了空间。现有"武士"步兵战车安装这种新型武器系统无需对底盘进行改动。

另一种方案是洛克希德·马丁公司英国INSYS分公司研制的双人电动炮塔，炮塔上装有美国ATK火炮系统公司的MK44式30mm稳定型自动炮和7.62mm并列机枪。MK44自动炮可发射多种弹药，包括增强型40mm弹药。炮塔还装备了昼/夜稳定瞄准具，使车辆可以在运动中在全天候条件下打击移动目标。此外，新型炮塔便于未来升级，包括安装具有360°视角的车长独立瞄准具，使战车可以实施"猎—歼"式攻击。而且未来该炮塔还能够安装雷声/洛克希德·马丁公司的"标枪"反坦克导弹。

案例二：德国增强"豹"2主战坦克的火力

德国为了增强"豹"2主战坦克的火力，于2001年推出了经过升级的"豹"2A6坦克。与"豹"2A5相比，"豹"2A6坦克最大的改进是用莱茵金属公司的L/55式120mm滑膛炮取代了原来的L/44式120mm滑膛炮。与L/44式滑膛炮相比，L/55式滑膛炮的身管长度为55倍口径，比L/44式滑膛炮的身管长1.3m，但药室几何形状与L/44式滑膛炮相同，可以发射所有现有120mm坦克炮弹药。使用该炮发射最新的DM53曳光尾翼稳定脱壳穿甲弹（使用非贫铀弹芯）时，其射程可以提高1600m，而且侵彻能力更强。为了尽可能减小对坦克车体的改动，L/55式滑膛炮与炮尾和摇架的接口方式没有改变。莱茵金属公司表示，L/55式滑膛炮还可以进行两项改进，一是炮尾使用与身管相同的钢，这样就可以将火炮的膛压提高到500bar。二是火炮身管可以承受的最大压力可以进一步提高。此外，"豹"2A6坦克的火控计算机和 FERO Z18 炮长瞄准镜也略有改进。

●换装新型动力传动系统，增强机动性

作为衡量坦克装甲车辆作战性能的一项重要指标，机动性长期以来也是其升级改造的重点之一，升级改造的方式主要是换装功率更大、效率更高的新型动力传动系统，目的通常有两个，一是进一步提高车辆的战术机动能力；二是弥补因车辆重量增加而带来的机动能力下降。

案例：多国研制新型动力系统，增强 T-72 坦克机动性

苏联 20 世纪 70 年代研制完成并装备部队的 T-72 主战坦克是目前俄罗斯陆军装备最多、也是世界上装备最广泛的主战坦克之一。30 多年来，包括俄罗斯在内的多个国家出于满足自身装备建设或者拓展军贸市场的需要，针对 T-72 坦克研发出了众多的升级改进方案，其中，以增强 T-72 坦克机动性为主要目的的推进系统改进始终是一个重点。

1998 年，俄罗斯组建了一个由钢铁研究院、重型机械制造研究所等单位组成的联合团队，负责对其装备的 T-72 系列主战坦克实施升级改进。改进工作的重要内容之一就是改进 T-72 坦克的动力系统，即用功率 735kW 或者 882kW 的发动机替换 T-72 坦克现用的 574kW 的 V-46-6 型发动机。通过换装更大功率的发动机，除了可以增强机动性之外，还可以使 T-72 坦克加装更厚的装甲，从而有助于增强其防护性能。此外，在俄罗斯研制的 T-72 坦克的出口型 T-72S 坦克上，也换装了功率达到 618kW 的 V-84 型四冲程 V 型 12 缸水冷多燃料离心增压柴油机。该发动机是在 V-46 型柴油机的基础上改进而成，通过改用两节式排气管、改进活塞形状、供油强化等措施，使额定功率由原来的 574kW 提高到 618kW；同时对进、排气系统及风扇导流罩等部件进行了改进，增加了空气滤清器的旋风筒数量，提高了净功率。

为了满足世界其他国家大量装备的 T-72 坦克的升级改进需要，以色列 NIMDA 公司也为 T-72 坦克推进系统升级改进专门研制了新的一体化

动力传动系统，该系统由英国伯金斯发动机公司的功率 735kW 的 CV12 Condor 柴油机和美国阿里逊公司的 XTG-411-6-N 全自动变速箱组成，配用 Ametek Aircontrol 技术公司研制的自动调温控制冷却系统和 1 台 650A 电机。保留 T-72 坦克原有的主减速器，但采用了新的动力输入分动箱。换装这种新型一体化动力传动系统后，T-72 坦克不仅具有了进一步增大战斗全重的空间，而且可以仍然保持较高的行驶速度和加速度，同时还减轻了驾驶员的工作负荷、改善了驾驶便易性和舒适性、降低了其维修需求、简化了训练，增强了 T-72 坦克的可靠性、耐久性和可维修性。而且整套动力传动系统可以在野战条件下在 1h 内整体更换完毕。目前该动力传动系统已经被捷克陆军用于其 T-72 坦克的改进，改进后的型号被称为 T-72 M4 CZ。

2010 年，法国 SESM 公司也推出了可用于俄制 T-72 和 T-90 主战坦克动力系统改进的 ESM350 一体化动力传动系统。目前，俄罗斯 T-90 坦克采用功率为 617kW 的 V-84MS 4 冲程 12 缸多燃料发动机，出口型能够配装功率高达 735kW 的 V-92S2 发动机，他们均配用有 7 个前进档和 1 个倒档的手动变速箱。该动力传动系统采用新型冷却系统、新型柴油机和带手动控制的 SESM350 全自动变速箱，有 8 个前进挡和 3 个倒挡。T-72/T-90 坦克换装该系统时几乎可以不对底盘作任何改动，而且整套系统在战场环境下可在 1h 内完成整体拆卸。使用这种新型动力传动系统后，T-72/T-90 坦克车体上原有的发动机维修舱口就不再需要，从而可以增强坦克对反坦克地雷的防御能力。与原 T-72/T-90 坦克的动力传动系统相比，该系统内置有检测功能，能够对故障进行快速探测和诊断；冷却系统对高温环境的适应性增强，与原有设计相比，其采用的 2 个高速风扇能够将进风量提高

图 5-5 ESM350 一体化动力传动系统

4 倍，而且风扇的转速能够自动优化以尽可能减少功率需求，在坦克涉水时，驾驶员可以关闭风扇；传统 T−72/T−90 坦克使用的转向杆被转向节叉取代，不仅可以减轻驾驶员的工作强度，而且提高了坦克在恶劣路面的机动能力；自动变速箱的电子传动管理系统可以根据路况选择最佳挡位，以减少驾驶员在换挡和转向操作中的错误，避免损坏变速箱；新型动力传动系统可以实现坦克的中心转向，包括驻车制动在内的制动系统的性能也有大幅提高。据称，当配用 ESM350 动力传动系统时，T−72/T−90 坦克的最大行驶速度可以达到 70km/h，最大倒车速度可以达到 23km/h。安装该动力组件的坦克具有较高的单位功率，由于降低了燃油消耗而且具备牵引启动能力，使坦克的机动能力和行程也得到了提高。

第二节　火炮

火炮是地面武器装备中提供火力压制和火力支援的主要武器，也是陆军武器装备体系的重要组成部分。在当前传统身管火炮发射技术难以取得根本性突破的情况下，升级改造成为外军提升火炮性能、推进火炮技术发展的重要手段。在当前及未来，外军火炮升级改造的重点主要集中在以下几个方面：

●通过加长身管和配用新型弹药，增大火炮射程

增大射程是火炮发展的永恒目标，也是身管火炮发射技术发展的重要标志，通过加长身管和发射新型弹药来对现有火炮武器系统进行升级改造，是外军增大火炮射程的重要手段。

美国 M109 系列 155mm 自行榴弹炮最初的火炮身管长为 23 倍口径，改进到 M109A6 型时火炮身管长增加到 39 倍口径，从而使其发射普通榴弹的射程从原来的 18.1km 提高到 24km，发射火箭增程弹的射程从原来的 24km 提高到 30km。

南非 G6 系列 155mm 自行榴弹炮除了通过加长身管，还通过增大装药量来提高火炮射程。G6 火炮最初的身管长为 45 倍口径，其改进型

G6-52 通过将身管加长到 52 倍口径，发射普通榴弹的射程从 30km 增加到 33km，发射底排弹的射程从 39km 增加到 42km。为了进一步增大射程，南非又在 G6-52 的基础上发展了 G6-52L，其药室容积从 G6-52 的 23L 增大到 25L，设计膛压上限提高到 600MPa，使用 M64 模块发射装药系统发射普通榴弹的射程从 33km 增加到 40km，发射底排弹的射程从 42km 增加到 50km，发射 Pro-RAM 冲压增程弹的射程可达 75km。

表 5-1　G6 系列 155mm 榴弹炮主要战技指标对比

性能指标		G6	G6-52	G6-52L
口径 /mm		155	155	155
身管长		45 倍口径	52 倍口径	52 倍口径
炮口初速 /（m/s）		600	900	1015
膛压 /MPa		—	—	600
药室容积 /L		23	23	25
装药系统		M50	M90	M64
最大射程 /km	普通弹	30	33	40
	底排弹	39	42	50
	V-LAP 弹	50	58	67
	Pro-RAM 弹	—	—	75

德国"豹"2A6 坦克的一大改进就是用身管长 55 倍口径的 L55 式坦克炮取代了原有身管长 44 倍口径的 L44 式坦克炮。身管加长 1.3m 后，L55 火炮炮口初速大幅度提高，特别是发射最新型 DM53 曳光尾翼稳定脱壳穿甲弹（配用非贫铀穿甲弹芯）时，炮口动能增大 14%，有效射程从 3.5km 增加到 5km。

美国 M270 式 227mm 多管火箭炮系统通过不断引入新型弹药逐步提升其远程打击能力，该炮最初配用 M26 火箭弹的最大射程为 30km，发射改进型 M26A1/A2 火箭弹的最大射程提高到 45km，发射 M30/M31 制导火箭弹的射程进一步提高到 70km，而正在研制的 GMLRS+ 制导火箭弹将使 M270 多管火箭炮的射程达到 120 ～ 130km。此外，该炮最初发射

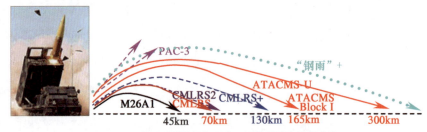

图 5-6 M270 多管火箭炮通过配用新型弹药不断提高射程

ATACMS BLOCK1 型陆军战术导弹的最大射程为 165km，随后发射改进型的 ATACMS BLOCK1A 导弹的最大射程增加到 300km。

●加装数字化设备，提高火炮反应速度

在武器装备向数字化发展的大趋势下，火炮的数字化升级和改造也受到国外陆军的普遍重视。目的是通过数字化设备的使用，实现火炮从目标侦察到火炮瞄准全程的一体化、自动化，为战区指挥自动化系统项武器平台的延伸提供基础。

美国 M109A6 自行榴弹炮与基型 M109 及改进型 M109A1 ～ M109A5 的主要区别就是该炮首次采用了由火控计算机、导航系统及自动瞄准装置组成的数字化火控系统，可自动定位定向、计算射击诸元、进行火炮瞄准；还加装了"辛嘎斯"无线电台、通信管理系统和初速测定装置等数字化装备。火炮的自主作战能力和反应速度大大提高，可以 60s 内在运动中独立接收射击任务、计算射击诸元、占领发射阵地、解脱炮身行军固定器，瞄准目标并发射第一发炮弹。因此 M109A6 也被称为是世界上首门"数字化火炮"。目前，M109A6 火炮的数字化火控系统已经完成了第三次升级，升级后可以实现与陆军 C^4KISR 系统和战斗指挥系统 / 软件模块的链接。

美国 M270A1 式 227mm 多管火箭炮系统也是在 M270 多管火箭炮的基础上通过数字化改进发展而成的，其核心特征也是采用了数字化火控系统，该火控系统集计算机、微电子、卫星导航、激光陀螺、激光雷达等先进技术于一体。控制舱中央的火控操作显示器是火炮操作手与主处理机之间的人机接口装置，采用有源矩阵液晶显示器显示各种字目数字和图表，通过它可以

控制整个火控系统的工作。主处理机由 4 个处理器组成，其中 3 个用于武器管理、人机接口处理、数据库管理、故障诊断和维修处理，另一个处理器用于生成各种字符和图像，存储器的硬盘容量达 300M，可以存储全部火控系统和武器专用数据库信息，缩短了射击任务处理的时间。用激光陀螺取代机械陀螺，并加装全球定位系统接收机，以提高定位和导航精度。加装激光多普勒雷达测风仪，使火箭炮的精度提高 30% ~ 40%。改进后的 M270A1 火箭炮具备更快的反应速度、更强的生存能力、更好的可维修性。

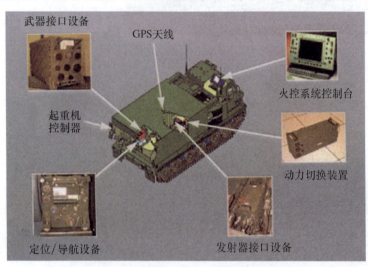

图 5-7 M270A1 多管火箭炮的数字化改造

●以提高装备通用化水平为目的，实现火炮的多平台应用

为了提高装备的通用化水平，降低研发成本，减小后勤负担，外军常常通过升级改造来实现一种火炮在多种武器平台上的应用，例如将 155mm 地面火炮改造成为舰炮，以及通过改造实现陆海空作战平台中小口径自动炮的通用化。

英国通过将陆军装备的 AS90 式自行榴弹炮的 39 倍口径 155mm 炮身和 Mk8 Mod1 舰炮的炮座相组合，开展了"155mm 第三代海上火力支援"（155TMF）计划。为了实现 155mm 地面火炮上舰，BAE 系统公司将首先更换 Mk8 Mod0 舰炮炮身护板，将液压动力系统更换为电气动力系统，然后改进装填和供弹系统，最后再安装 155mm 火炮。为了满足 2020 年后水

图 5-8 BAE 系统公司利用 155mm 地面火炮改造的 155mm 舰炮

面战舰发展需求，英国在 155TMF 计划的基础上进一步制订了"第四代海上火力支援"（155FMF）计划，拟采用陆军 AS90 式火炮最新的 52 口径 155mm 炮身和自动弹药仓，配用模块发射装药系统，发射新型增程弹药，使 155mm 舰炮的射程达到 90 ～ 100km，射速提高到 20 发/min。

美军非常关注中小口径自动炮在陆、海、空三军的通用化，通过改进 M230 式 30mm 航炮，发展了适用于装甲车和舰艇平台的 M230LF 式自动炮，适应新平台的改进包括：驱动电源从 M230 航炮的 115V 三相交流电机更换为直流电机，使得射速从 625 发/min 降到 200 发/min；加长身管，炮身长从 M230 的 1680mm 增加到 2181mm，以获得更高初速；采用脱链供弹器，能够使用装成链带的子弹。

第三节　轻武器

轻武器是陆军武器装备中包含种类最繁杂的武器装备领域，主要包括各种枪械、榴弹发射器、单兵火箭筒及特种装备等。尽管轻武器相比于陆军其他武器系统结构相对简单、体积较小、成本较低，但是随着技术进步和作战需求的不断变化，外军轻武器的发展很大程度上也是在不断的升级改造过程中完成的。

●通过轻量化改造，减轻武器重量

轻武器由于往往需要由士兵背负和携载，因此尽可能减轻轻武器的重量，以减轻士兵负荷是轻武器改造的一项重要内容。

美国 M4 卡宾枪是在 M16A2 突击步枪的基础上，通过将枪管缩短至 370mm，使全枪重（不含弹匣）由 3.4kg 减轻到 2.45kg；美国 M240L 式 7.62mm 机枪通过采用钛制零部件，重量比 M240B 型减轻了 3.2kg；美国 在 M82A1 狙击步枪基础上改进而成的轻量型 M82A1 LW 型狙击步枪，通 过上机匣和两脚架采用铝质材料，枪口制退器和一些小零件采用钛金属制造， 使全枪重量减轻了约 2.3kg。

对于近年来外军重点发展的士兵系统，不断减轻重量也一直是其改进的 首要目标。美国陆军的"陆地勇士"系统最初样机全重约 40.8kg，这一重 量险些造成该项目被终止。随后考虑到士兵的负重能力，通过减少系统构成 部件，2006 年首次部署到伊拉克试用的系统重量减轻到 7.71kg，系统组成 主要包括微型无线电台、配有嵌入式计算机显示屏的头盔显示装置、武器光 学瞄准系统等部件。2008 年推出的融合型"陆地勇士"系统通过将计算机 子系统、导航组件、头盔接口转换器和士兵控制装置集成到一个控制盒中， 在不影响系统性能的情况下重量又减轻了 1.2kg。2009 年部署到陆军"斯 特赖克"旅的打击型"陆地勇士"系统，重量进一步减轻了 0.9kg。随后， 在"陆地勇士"系统的基础上，通过用重量更轻的联合战术无线电系统替换 原有的通信网络无线电系统，以及采用体积更小、重量更轻、更易于集成的 电子系统集成箱，美军又发展出了重量更轻、但性能更强的"地面士兵系统"。 目前，由"地面士兵系统""增量"1 项目衍变而来的"奈特勇士"项目拟 通过将头盔显示器、处理器、导航系统和士兵接口全部放置在一个类似于智 能手机的重量不超过 1.4kg 的"终端用户设备"中，实现重量减轻 70% 的 目标。

●基于特种作战需求，通过改造衍生出新功能轻武器

现代反恐防暴、城区等特种作战对现代轻武器的综合作战效能提出了更 高的要求，国外广泛利用微电子、激光、微型传感器和计算机技术等信息技

术改造传统轻武器，使其能够执行多样化作战任务。

传统的枪挂式榴弹发射器主要是发射榴弹杀伤人员和非装甲目标，为了增强士兵在特种作战环境中的态势感知能力，新加坡研制了一种可以用于诸如美军现役的 M203、新加坡的 CIS 40GL 枪挂式榴弹发射器的 SPARCS 40mm 侦察榴弹，该弹以伞降式照明发光弹为基础，利用 CMOS 弹载摄像机和无线射频数据链取代了发光体，最大飞行高度为 150m，通信距离为 160m，弹载摄像机能够拍摄到拐角或建筑物后目标区域的完整图像，并通过数据链实时传输到地面接收站，从而赋予了传统轻武器新的作战功能。

图 5-9 新加坡 SPARCS 40mm 侦察榴弹及其作战示意图

以色列研制的"瑞法姆"多功能步枪系统是一种带火控系统的枪挂式发射装置，安装在以色列"塔沃尔"突击步枪、M4 卡宾枪等枪管下方后，突击步枪就可以发射空爆弹、侦察弹等特种弹药，其中侦察弹与空爆弹结构相同，内部装有数码相机和无线通信设备，发射后弹载相机可以将获得的图像发送到士兵的手持计算机上，使士兵获得目标坐标位置。

第四节 弹药

弹药是决定地面武器系统毁伤能力的重要因素，地面武器系统使用的弹药通常主要包括炮弹、迫击炮弹、火箭弹、坦克炮弹、反坦克导弹以及各种中小口径弹药。为满足地面武器系统的作战需求，国外在发展新型弹药的同时，也极为重视现役弹药的升级改造，并将其视为快速提升武器系统作战能力的重要途径之一。从目前国外的发展情况看，地面武器系统弹药升级改造的重点主要集中在以下几个方面：

●通过发展制导化组件，快速提高精度

在未来战争向精确打击方向发展的大趋势下，通过发展制导化组件，利用制导组件对现役非制导弹药进行改造，成为世界主要国家快速提高地面武器系统打击精度的重要手段，改造弹种主要是炮弹、迫击炮弹和火箭弹。美国、英国、德国、法国和南非等国家均已开展了相关研究工作。

美国阿连特技术系统公司研制的 XM1116 式精确制导组件（PGK）是一种专门用于改造现役大口径炮弹的弹道修正引信，它可以旋入现役制式炮弹的引信室中，提升 105mm、155mm 等炮弹的命中精度。PGK 的研究工作共分 3 个阶段实施。

表 5-2　PGK 各阶段的技术要求和发展规划

	PGK "增量" Ⅰ	PGK "增量" Ⅱ	PGK "增量" Ⅲ
主要性能参数			
可靠性	最低目标 92%，争取达到 97%	—	—
精度	最低目标为 50m 的 CEP，争取达到 30m	CEP 小于 30m	最低目标为 CEP 在 30m 以下，争取达到 20m
特性			
配用的炮弹种类	155mm 榴弹（M107，M795，M549A1）	除第一阶段可配用的炮弹之外，第二阶段至少要能够配装 105mm 榴弹，并争取能配用 105/155mm 榴弹和子母弹	最低目标是能够配装 155mm 榴弹，争取还能配用 105/155mm 榴弹及子母弹
可装备的平台类型	M777A2，"帕拉丁"火炮	除第一阶段要求的平台之外，至少还能用于 M1193 105mm 火炮，并争取能用于未来战斗系统的非瞄准线火炮	至少将未来战斗系统的非瞄准线火炮也加入 PGK 能够应用的平台之列
引信功能	触发、近炸	加入延期和定时功能	
具备初始作战能力时间	原定于 2010 财年，现推迟到 2012 财年后期	2013 财年	2016 财年

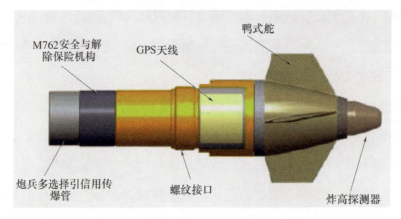

图 5-10 阿连特技术系统公司的精确制导组件结构图

在"增量"I 阶段（也称 PGK-1），陆军要求的精度为 CEP<50m；引信插入部的最大长度为 124.7mm，具有碰炸和近炸两种作用模式；可供 155mm 榴弹（M107，M795，M549A1）使用；最大过载为 15000g（最大为 MACS 5 号装药）。在"增量"II 阶段，CEP 要求降至 30m 内；引信插入部长度小于 56.1mm（包括传爆管），可供 105mm 榴弹，并争取能配用 105/155mm 榴弹和子母弹；最大过载为 15000g（最大为 MACS 5 号装药）；增加延时和"空爆"（通过 GPS，高度计或者电子时间引信等）模式，作用模式可通过改进型便携式炮兵感应引信装定器（EPIAFS）来装定。"增量"III 阶段要求 CEP 最好能够达到 10m；增加抗高过载要求，要求可承受用 M200 最大装药从 M119 式 105mm 火炮发射时 20000g 的过载；可配装所有类型的 105mm 和 155mm 炮弹。

以色列军事工业公司为 227mm 火箭弹研发了弹道修正系统（TCS）制导组件。227mm 非制导火箭弹最大射程处（约 45km）的精度约为 350m，加装弹道修正系统后，精度可提高到 40 ～ 50m。该系统基于地面定位系统而非全球定位系统，主要由安装在发射阵地内向三角测量系统发射指令的发射机或地面控制单元，以及根据从发射阵地接收到的指令，修正火箭弹弹道的导航装置两套部件组成。发射机在上升段跟踪火箭弹，并比较实际弹道和预测弹道的角偏差，随后，弹道修正指令通过数据链路传输给安装在火箭弹上的导航装置，进而修正弹道。以色列国防军已经在 2006 年黎以冲突中实战部署使用了该火箭弹。除用于 227mm 火箭弹外，TCS 系统还用于 AccuLAR 160mm 或其他火箭弹的改造。

德国莱茵金属公司与瑞士康特拉夫斯公司也在为 227mm 火箭弹研制 CORECT 制导组件，以使火箭弹的精度提高到约 50m。弹载 GPS 卫星导航系统接收机用于确定火箭弹在飞行过程中的实际位置，随后制导及控制单元确定实际弹道与预期弹道之间的误差，并计算出所需的修正量。控制部分位于制导及控制单元后方，包括 60 个小推力脉冲发动机，共 6 排，每排 10 个。磁传感器通过测量地磁场确定火箭弹的滚转姿态，进而适时通过脉冲发动机点火在横向和径向产

图 5-11 CORECT 制导模块结构图

生所需的修正脉冲。为保持 227mm 火箭弹的气动外形，CORECT 制导组件占去了火箭弹弹体内此前装填子弹药的空间，使火箭弹的重量从最初的 310kg 减轻到 275kg。

●改进动力装置及弹体设计，增大射程

射程是衡量弹药性能的一项重要指标，除了改进火炮外，增大弹药的射程也是目前外军提升地面武器系统远程打击能力的重要手段，具体措施包括：加长动力装置；采用新型推进剂；改进弹体外形设计，优化气动性能。

美国陆军现役 227mm 多管火箭炮系统最初配备的是 M26 非制导火箭弹，最大射程为 32km。20 世纪 90 年代初，为了能够攻击敌方距离战场前沿更远的纵深目标，美国对 M26 火箭弹进行了改进，发展了 M26A1/A2 改进型火箭弹，将射程增加到 45km，并改进了火箭弹的精度，使子弹药覆盖面积增加了 107%。M26A1/A2 火箭弹的结构如图 5-12 所示。与 M26 火箭弹

相比，M26A1/A2 总长度保持不变，火箭发动机部分加长了 270mm，前段相应缩短了 270mm。发动机部分加长使得该火箭弹可携载更多的推进剂，因而增加了射程。

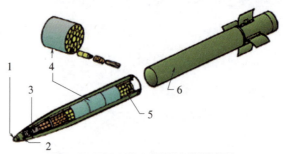

图 5-12 M26A1/A2 增程型火箭弹结构图
1—遥控装定电子时间引信（M451式）；2—引信控制装置；
3—中心爆炸装置；4—聚氨基甲酸酯泡沫塑料衬套；
5—518 枚 M77/M84 子弹药；6—固体火箭发动机

美国第一代"海尔法"空地导弹包括 AGM-114A/B/C 三种型号，配用美国空军"猎鹰"空空导弹的 TC-657 型单级微烟固体火箭发动机，导弹最大射程 8km。该发动机由锡奥科尔公司研制，钢制燃烧室内套有隔热的玻璃钢衬层，推进剂为端羟基聚丁二烯复合推进剂。发动机外径 146mm，长 0.934m，端面为车轮 B 形，内表面燃烧，燃烧时间 1.39s，工作压力 9022kPa，推力 1860dN，燃气通过中央导管，从尾喷管流出。随后，为满足远程化的作战需求，美国为 AGM-114K 及随后发展的各型"海尔法"导弹研发了改进型的发动机，使导弹的最大射程从 8km 增加到了 9km。新型火箭发动机长 0.45m，直径 177mm，质量为 18kg，内装约 12kg 推进剂，燃烧时间为 3s，可将导弹加速到 1Ma 以上，使导弹具有了更好的末段机动性。

美国"陶"2B 反坦克导弹的最大射程为 3750m，"陶"2B Aero 是"陶"2B 的增程型，射程增加到了 4500m。改进工作包括：在"陶"2B 导弹头部加装整流罩，对弹体气动外形进行优化设计；延长制导导线的长度；并采用性能更好的固体火箭发动机推进剂。

● **通过改进战斗部设计或采用新材料，增强毁伤威力**

为了适应防护技术的快速发展，增强弹药的毁伤威力也是地面武器系统弹药改造的一个重要方面，主要措施是改进战斗部设计或者采用新型材料。

美国 M829 式 120mm 曳光尾翼稳定脱壳穿甲弹（APFSDS-T）是

美国陆军"艾布拉姆斯"主战坦克配用的制式弹药，经过不断的发展和改进，现已形成了包括 M829、M829A1、M829A2 和 M829A3 四种型号在内的系列炮弹，并正在发展性能更好的 M829E4 式改进型炮弹。M829 式 APFSDS-T 全弹质量为 18.66kg，全弹长 935mm；杆式贫铀穿甲弹芯长 615mm，直径 24mm，长径比为 25.6∶1，弹托较短，材料为铝合金，由 4 块卡瓣构成；采用半可燃药筒，内装 8.1kg JA-2 式发射药，膛压为 510MPa，弹芯初速 1670m/s，有效射程超过 3000m，可击穿 2000m 外 540mm 厚的轧制均质装甲（RHA）。M829A1 是 M829 的改进型，全弹质量为 20.9kg，全弹长 984mm，具体的改进包括：缩小弹芯直径并增加长径比，直径为 22mm，长径比增加到 30.4∶1；采用新的弹托材料，弹芯由 3 块铝合金弹托包裹；弹芯的初速有所降低，为 1560m/s，但可击穿 2000m 外超过 600mm 厚的轧制均质装甲。M829A2 是 M829A1 的改进型，弹托采用复合材料制成，寄生质量减轻了 30%；发射药装填更为密实，JA-2 式发射药质量增加到了 8.7kg；弹芯的初速提高到了 1680m/s，可击穿 2000m 外 730mm 厚的轧制均质装甲。M829A3 的穿甲性能进一步提升，可击穿 2000m 外 800mm 以上的轧制均质装甲，具体的改进包括：采用了新型复合材料弹托，寄生质量与 M829A2 相比减轻了 20%；改为使用 8.1kg 性能更好的 RPD-380 发射药；弹芯初速有所降低，为 1555m/s。此外，通用动力公司已经开始实施 M829E4 改进计划，主要是改用 Nitrochemie 公司的表面包覆双基（SCDB）发射药，改善烧蚀性能并增加发射药的容积，进一步提高穿甲性能。

美国"陶"式反坦克导弹自 1970 年装备美国陆军之后，为了应对不断变化的目标类型，美军对"陶"式导弹进行了多次改进，不断提升其威力及作战效能。目前，已经装备部队使用的"陶"系列导弹包括：基型"陶"、改进型"陶"、"陶"2、"陶"2A 和"陶"2B 等。基型"陶"导弹配用单级聚能破甲战斗部，直径 127mm，药型罩由紫铜车制而成，锥角为

60°，主装药为 2.431kg 奥克托尔高能炸药，炸高为 1.5 倍装药直径；战斗部对轧制均质装甲的破甲威力为 432mm。为了对付苏联 T-64 和 T-72 坦克，美国陆军从 1978 年开始研制改进型"陶"。改进型"陶"导弹改用 M207-E1 战斗部。该战斗部采用性能更好的 LX-14 炸药装药；改用双锥度（42°/30°）药型罩；战斗部前端加装长 373mm 可伸缩双节探杆，探杆长度为 254mm，使炸高从基型"陶"的 119mm 增大到 373mm。战斗部的装药质量为 2.43kg，直径保持不变，炸高提高到 3 倍装药直径，破甲深度增加到了 686mm。由于增设了一个可伸缩的探杆，并且头部装有引信探针，该探针在发射后保证在合适的距离引爆战斗部，确保战斗部发挥最佳的威力。随后，为对付苏联 T-80 坦克，美军从 1979 年开始着手对改进型"陶"导弹进行全面改进，其中包括提高战斗部的破甲威力，具备了对付复合装甲的能力。具体的改进工作包括：将战斗部直径从 127mm 增加到 148mm；探杆长度变为 540mm，且由两节变为 3 节，使导弹可以在更有利的炸高位置上起爆，达到 3.6 倍装药直径；装药质量增加到了 3.76kg；改善制造工艺。20 世纪 80 年代，美国在"陶"2 的基础上研制出了"陶"2A 导弹，解决了对付披挂爆炸反应装甲坦克的难题。"陶"2A 导弹采用串联聚能破甲战斗部，前置聚能战斗部直径为

40mm，装在探杆头部，装药质量约 0.45kg。主战斗部与"陶"2 相同。1987 年，美国陆军基于"陶"2 导弹发展了"陶"2B 导弹，主要特点是战斗部重新进行了设计，采用串连的爆炸成形弹丸（EFP）战斗部，两个 EFP 战斗部药型罩的轴线方向与导弹轴线方向正交，可以从坦克装甲车辆防护装甲最为薄弱的顶部

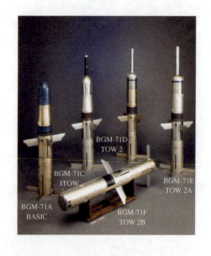

图 5-13 美国"陶"式反坦克系列导弹

实施攻击。

第五节　光电信息装备

地面武器装备使用的光电信息设备主要包括战术雷达、红外成像设备、微光夜视设备、激光侦测设备、指控/火控系统、光电惯性导航定位装备等，主要用于侦察、监视与目标捕获，是陆军 C⁴ISR 系统的重要组成部分，通常主要以嵌入的方式集成在主战平台中。作为地面武器装备信息化能力的重要组成部分，对光电信息装备的改造已成为地面武器装备信息化改造的一个重要方面，其升级改造的重点主要体现在以下 3 个方面：

●推动标准化和规范化设计，提高指挥控制系统互操作能力

传统的指控系统大部分都是互相独立的"烟囱"式系统，每种系统所采用的数据标准、协议、安全认证方式和网络结构各不相同，由于相互之间无法实现互操作，造成部队无法进行联合作战或协同作战。因此，在指控系统的升级改造中，提高系统之间的互操作性成为外军关注的重点，也就是通过加强标准化、规范化设计将其转变成能够相互协作的"多系统之系统"，为"网络中心战"的实现奠定基础。

在这一方面，美国陆军 21 世纪部队旅及旅以下作战指挥系统 (FBCB2) 的升级改造非常具有代表性。在伊拉克和阿富汗战争中，美国陆军的 FBCB2 系统暴露出于其他军种的指挥控制/态势感知系统无法互操作的问题，导致陆军不能与其他军种共享有关友军、敌军和其他有生力量的重要信息，增加了误伤友军的风险。针对这种状况，美国陆军对 FBCB2 的主要系统进行了重新设计，增加了被称为 FBCB2 联合能力版本 (JCR) 的新版软件，极大地改善了系统的互操作能力。随后，陆军在 FBCB2 联合能力版本的基础上又发展了经过升级的联合战斗指挥平台（JBC–P），该系统使联合作战指挥官能够更好地进行部队调度和火力分配。

法国陆军旅级以上部队装备的指挥控制系统——第一代武装部队指挥信

息系统（SICF）自 1988 年起也进行了多次升级，为保持系统的互操作性，第二代 SICF 系统采用了北约的高级体系结构、Adat-P3 协议。

●加快技术升级换代，大幅提升战场感知装备效能

战场感知的功能是近实时地了解整个战场上敌方的位置和活动信息，为实施远程精确打击和夺取地面作战胜利创造条件。随着相关技术的不断突破，国外正在努力推动战场感知装备的升级换代，从而提高部队的战场感知能力。

美国陆军的 AN/TPQ-36 和 AN/TPQ-37 火炮定位雷达自 20 世纪 80 年代问世以来，通过不断应用先进技术进行改造，发展出了多种改进型产品。20 世纪 90 年代，美军对其装备的 AN／TPQ-36（V）8 "火力发现者" 雷达进行系统升级。新的系统采用开放式系统结构设计，可使雷达在数字化战场上进行通信。通过此次升级，AN／TPQ-36（V）8 雷达提高了迫击炮探测距离和目标探测数量，并改善了操作人员的环境，降低了雷达的寿命周期成本。20 世纪 80 年代后期，比 AN／TPQ-36 作用距离更远的 AN/TPQ-37 雷达也进行了二阶段的改进，其性能有了很大提高。改进后雷达探测距离在原来 30km 基础上提高了 80%，定位精度改善了 15% ～ 30%，每分钟能跟踪 50 个目标。

在光电探测装备方面，国外同样进行了整体的升级换代。美国陆军从 2005 年开始将 AH-64 "阿帕奇" 和 AH-64D "长弓阿帕奇" 直升机装备的目标捕获指示瞄准具／飞行员夜视传感器（TADS/PNVS）系统换装为改进后的 "箭头" 现代化目标捕获指示瞄准具／飞行员夜视传感器（M-TADS/PNVS）系统。与 TADS/PNVS 相比，M-TADS/PNVS 的性能有了明显提高，主要体现在：

（1）更强的目标捕获能力。与 TADS 的前视红外装置（基于 180×1 元线阵）相比，M-TADS 中集成的 "箭头" XP 前视红外装置（采用工作在长波红外波段的 480×4 元焦平面阵列）的夜间探测距离、分辨率和灵敏

度都有了很大的提高。同时，新型昼用 CCD 电视摄像机使得 M-TADS 具有了良好的昼间观察能力。M-TADS 中的跟踪器经过了重新设计，可以跟踪 1 个主要目标和 5 个次要目标。工作在变焦模式下的前视红外装置和昼用 CCD 电视摄像机的作用距离可以借助洛克希德·马丁公司开发的 XR 算法额外再增加 30%。以前 TADS 系统中使用的光学中继管直视光学系统被TADS 电子显示与控制（TEDAC）组件所取代，组件中集成的平板显示器采用了一种在阳光下可视的高分辨率（975 线）单色显示屏。此外，M-TADS采用了"场景辅助非均匀校正"（SANUC）软件来增强视频图像并对显示器进行自动调整，使图像更加清晰。SANUC 可以执行以前由硬件完成的功能。

（2）更好的夜间导航能力。M-PNVS 同样集成有"箭头"XP前视红外装置。此外，M-PNVS中集成的微光电视是以最先进的第四代 18mm 像增强器为基础，其采用的低光圈技术可以在非自然光比较强的区域减少光晕，进一步提高直升机飞行时的安全性。此外，美国陆军也对 OH-58D"基奥瓦勇士"直升机桅杆安装瞄准具（MMS）中的热成像系统进行了升级。

图 5-14 "箭头"M-TADS／PNVS 目标捕获指示瞄准具／飞行员夜视传感器系统

● **使用商用现成技术和产品，加快升级改造速度并降低成本**

光电信息装备中所采用的技术大都是通用性很强的军民两用技术，民用领域技术的发展非常快，因此大量采用商用现成（COTS）技术和产品也就成为了光电信息装备改造的最常见做法。实践表明，在改造中恰当使用成熟而标准化的商用现成技术或产品，有助于及时引入最新的技术，迅速获得所需的能力，有效降低装备改造的成本。

以美国陆军的 FBCB2 系统为例，其部分软件就采用了现成的商业软件，但是同样能够满足陆军战术体系结构所确定的开放标准，而且该套软件在开发时也考虑了与未来商用硬件和软件的兼容性。在"陆地勇士"系统渐进式发展过程中，美国陆军就要求利用商用技术研制部分零部件，特别是计算机/电台子系统及其软件，以降低研制风险和成本，缩短研制周期。最终，"陆地勇士"系统成功地通过使用商用现成硬件代替设计和测试周期较缓慢的定制硬件。最初计算机的成本高达 3.2 万美元，且只有一个供货方。改进发展方式后，计算机成本降为 440 美元并且可以从大约 12 个供货方采购。近年来随着以苹果 iPhone 和谷歌"安卓"手机为代表的智能电话的迅速发展，美国陆军已经开始在在"奈特勇士"以及 FBCB2 系统的升级改进中引入这种新的商用产品，"奈特勇士"系统中的绝大部分功能均将由智能电话替代。此外，美国陆军的 M109A6"帕拉丁"155mm 自行榴弹炮的火控计算机也以采用商用现成产品而著称。法国陆军第二代武装部队指挥信息系统的软件结构则全部利用商用现成技术。

海上武器系统主要包括航母、水面主战舰艇、潜艇、舰炮、鱼雷以及舰载电子信息系统。航母、水面主战舰艇、潜艇为平台装备，舰炮、鱼雷和舰载电子信息系统为平台负载，平台装备是平台负载的主要载体。两者在升级改造的内容方面存在一些差异：平台装备升级改造的主要内容是换装平台负载，而平台负载升级改造的主要内容是改进技术，提升性能。

第一节 航空母舰

航母是全球性海军远洋作战兵力的核心，在海军武器装备体系中占有举足轻重的地位。作为军事力量的重要体现，在服役期内持续提升航母的作战能力是海军大国追求的目标，而持续进行升级改造是实现这一目标的重要途径。从国外发展情况来看，航母的升级改造主要集中在以下几个方面。

●适应新型飞机上舰，实施主体结构改造

航母最本质的用途是水上机场，因此航母平台的第一要务是适合搭载舰载机。到目前为止，航母舰载机最大的跨越是二战后由螺旋桨飞机过渡到喷气式飞机。为此，二战后遗留下来的许多航母都进行了改装，以适应更大、更重、更快的喷气式飞机上舰。

在二战中立下赫赫战功的"埃塞克斯"级航母战后面临新的挑战：即将上舰的喷气式飞机和远程轰炸机大而重，原有飞行甲板强度不够，飞机升降机提升能力不足；飞机需要更高的起飞速度，原有弹射器推力太小。

美国海军先后实施了SCB-27A、SCB-27C和SCB-125三项改造工作:

◇ SCB-27A 工程。涉及 9 艘航母,主要内容包括加强飞行甲板强度;换用功率更大的 H-8 液压弹射器,并在弹射器后加装喷气偏流板,防止喷气飞机的尾气伤人;改进阻拦索和阻拦网;提高飞机升降机的提升能力。改装后,航母可以起降 20t 重的飞机。

◇ SCB-27C 工程。涉及另外 6 艘航母,除了加强飞行甲板、改进阻拦系统、提高飞机升降机能力外,将弹射器改为 C-11 型蒸汽弹射器,其弹射能力是 H-8 型的 4 倍。

◇ SCB-125 工程。将着舰区改装为斜角甲板,提高着舰作业的安全性,并使艏部弹射作业和艉部着舰作业同时进行。6 艘舰完成 SCB-27C 工程的航母和 8 艘完成 SCB-27A 工程的航母又完成了 SCB-125 工程。

经过升级改造的"埃塞克斯"级航母可以搭载 F9F "黑豹" 和 F2H "女妖" 喷气战斗机、AD "空中袭击者" 攻击机等,在朝鲜战争中发挥了重要作用,并一直服役到 1991 年。

美国"中途岛"级航母虽然在二战后建成,但由于是二战末依照传统结构设计的,因此也不适应新型舰载机作业,建成后十年左右就进行了改造。第一步称为 SCB-110 工程,主要内容包括:加装斜角甲板,将 2 部液压弹

图 6-1 "埃塞克斯"级航母改造前

图 6-2 "埃塞克斯"级航母改造后

射器换为蒸汽弹射器，将飞机升降机提升能力提高到 37t，加装光学助降系
统和新的阻拦装置。后来，"中途岛"号又进行了若干次改造，将飞行甲板

图 6-3 "中途岛"级航母改造前

跑道加长 30.5m，斜角甲板与中心线夹角增大至 13°，飞机升降机提升能力提高至 65t，蒸汽弹射器升级为 C-13-0 型。改装后，"中途岛"号可以搭载 F/A-18 "大黄蜂"战斗 / 攻击机，一直使用到 1992 年。

图6-4 "中途岛"级航母改造后

●注重舰载机的更新换代以及航空保障设备的改进

舰载机是航母最重要的作战工具，也是确保航母战斗力和生命力的关键所在。一艘航母的服役期长达 50 年，一级航母的服役期则更长，如"尼米兹"级航母将在美国海军历史上存在百年左右，而飞机技术的进步比这要快。因此，在一艘 / 型航母上搭载多代舰载机，保持最强的制空能力，就成为航母升级改造的重要内容，也是一型航母在设计时必须考虑的问题。

"尼米兹"级航母自 1975 年服役以来，至今已有 36 年历史，已搭载过 2 代以上舰载机，未来还将搭载 F-35C 和无人作战飞机，如表 6-1 所列。

表 6-1　20 世纪 80 年代以来美国航母主要固定翼飞机的更换与升级

	战斗机	攻击机	侦察机	预警机	电子战飞机	反潜机
1980	F-4、F-14	A-6、A-7	RA-5C、RF-8G	E-2	EA-6B	S-3
1990	F-14 F/A-18 战斗攻击机	A-6E、A-7E	RF-4B	E-2C	EA-6B	S-3A/B
2000	F-14 F/A-18 战斗攻击机	——	ES-3A	E-2C	EA-6B	S-3B
2020	F-35C 联合攻击机 F/A-18 战斗攻击机 海军型作战无人机		——	E-2D	EA-18G	——

航母的威力来源于舰载机，而航空作业也是航母最大的安全隐患，因而美国有"飞行甲板是世界上最危险的工作场所"一说。所以，不断改进航空保障设备，提高舰载机作业的安全性，是航母升级改造的重要内容。"尼米兹"级航母上在服役过程中曾对弹射器、阻拦装置和助降系统进行过改造。

（1）弹射器改造。

"尼米兹"航母的前 4 艘舰（CVN 68 ~ CVN 71）采用的是 C13 Mod1 型蒸汽弹射器，从第 5 艘开始则换用 C13 Mod2 型蒸汽弹射器。这两型弹射器最大的差别在于后者采用较大的汽缸内径，弹射相同飞机时所需蒸汽工作压力较小。

表 6-2　美国海军蒸汽弹射器参数

	C-13-1	C-13-2
动力冲程 /m	94.4	93.5
轨道长度 /m	99	99
往复车和活塞重量 /kg	2880	2880
汽缸内径 /m	0.4572	0.5334
动力冲程排量 /m³	32.5	43.24
与上一型相比的主要变化	长度增加	缸径加大
采用的航母	"尼米兹"级前 4 艘	"尼米兹"级后 6 艘
140kn 时，正常负载量—静载重量 /t	30.844	——
储汽罐最大蒸汽压力 /MPa	3.59	——
汽缸最大蒸汽压力 /MPa	3.59	——
最大蒸汽工作温度 /℃	245.6	——

（2）阻拦装置改造。

"尼米兹"级航母第 1 艘至第 8 艘（CVN 68 ～ CVN75）使用的是带有
4 根阻拦索的 Mk7 Mod3 型阻拦装置。后来，"尼米兹"号（CVN 68）、
"华盛顿"号（CVN 69）和"斯坦尼斯"号（CVN 74）上的阻拦装置该升
级到 Mod 3+ 型，改进之处为：一是把 Mk7 Mod3 阻拦机的滑轮组换成滚
珠推力轴承，并换用自动润滑系统，采用新型润滑油，可减少用于轴承组的
润滑油量；二是把现有阻拦索和滑轮索替换成高强度的阻拦索和滑轮索，以
延长使用寿命，并提高阻拦装置的能力，满足未来舰载机回收的需要。

后两艘"尼米兹"级航母"里根"号（CVN 76）和"布什"号采用了
Mk7 Mod4 型阻拦装置，即把阻拦索改成了 3 根，选用多芯缆索和特大号
滑轮，并升级了 Mod 3 型的索联机、缆索传动装置和滑轮减震器。2007 年
开始，又在 Mod4 型阻拦装置上加入了计算机控制"先进回收控制（ARC）"
系统。这是美国在航母上配备的第一套数字控制的飞机回收系统，具备计算
机反馈、增强型图显、可编程阻拦剖面和冗余的电子控制执行机构，可精确
控制阻拦过程，支持回收更重的飞机，同时降低对航母甲板风的要求；具备
自我诊断能力，维护更容易，降低了故障率。

（3）助降系统改造。

助降系统是保证舰载机安全回收的重要工具。"尼米兹"级航母最初配

图 6-5　菲涅耳透镜光学助降
系统（FLOLS）

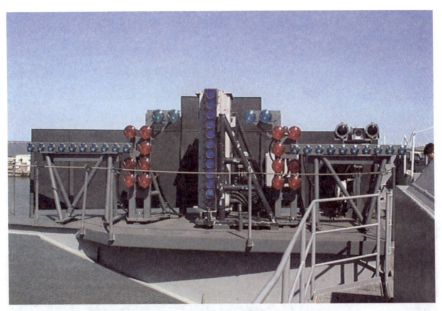

图 6-6 改进型菲涅耳透镜光学助降系统（IFLOLS MK13）

备的是菲涅耳透镜光学助降系统，2001 年开始，逐步换装改进型菲涅耳透镜光学助降系统。

表 6-3 改进型菲涅耳透镜（IFLOLS）在航母上的应用

航母	安装时间	航母	安装时间
"斯坦尼斯"（CVN-74）	2001.04	"卡尔·文森"（CVN-70）	2002.08
"尼米兹"（CVN-68）	2001.05	"罗斯福"（CVN-71）	2002.11
"华盛顿"（CVN-73）	2001.08	"里根"（CVN-76）	2003.03
"林肯"（CVN-72）	2001.09	"艾森豪威尔"（CVN-69）	2004.02
"杜鲁门"（CVN-75）	2001.09	"布什"（CVN-77）	2009.1

与菲涅耳透镜光学助降系统相比，改进型菲涅耳透镜光学助降系统在设计方面的变化主要包括：

◇ 将透镜高度从 50in（1.270m）增加到 72in（1.829m），灯箱由 5 个增加到 12 个（图 6-5），更换了发光材料，在同样距离内提高了下滑航路信息的敏感性，灵敏度是传统菲涅耳透镜的 1.5 倍。由于光球移动更为明显（图 6-6），驾驶员能更早并更精确地看到光球的移动，能更快地做出修正动作，提高了舰载机着舰的成功率和安全性。

◇ 采用数字化控制，用基于已知点的查表法代替传统菲涅耳透镜光学助降系统的近似算法；且是通过透镜转动来补偿舰的横摇、纵摇和升沉运动，而不需要转动整个平台，提高了改进型菲涅耳透镜光学助降系统的内部稳定能力。

◇ 系统采用光导纤维，对温度不太敏感，使用印刷电路板；另外光导纤维照明效果更好，光球更清晰，白天和夜晚使用效果均很好，在高温下可维护性更好，老化也较慢。由于光学性能的改进，进一步增加了目视距离。菲涅耳透镜光学助降系统的有效作用距离为离舰约 0.75n mile，改进型菲涅耳透镜光学助降系统有效作用距离增至 1.2 ～ 1.3n mile。

2001 年开始，"尼米兹"级航母还引入了激光助降系统，进一步提高助降引导能力，提高着舰安全性。

图 6-7　舰载机远程对中和下滑

相比于透镜引导系统，激光引导具有显著优势：

◇ 增加作用距离，提高舰载机着舰安全性和成功率。可在距离航母 10n mile 处（最远甚至可达 15n mile）开始为舰载机飞行员提供光学对中和下滑信息，使飞行员有充足的时间调整舰载机，大幅度提高了着舰安全性和成功率；而且激光束衍射非常少，形成的进场航路边缘非常清晰，有利于飞行员辨认，可以迅速判别舰载机是否偏离航道。

◇ 有利于提高航母生存能力。一是舰载机可在 10n mile 之外就进入下滑航道，可直接进场与着舰，无需在航母上方盘旋等待着舰，避免暴露航母位置；二是该系统不会产生电磁辐射信号，降低被敌人发现的概率；三是当飞机雷达出现故障，电子助降系统失效时，可利用激光助降系统提供对中和下滑航路信息，实现着舰引导。

表 6-4　美国各航母激光助降系统安装时间

航母	安装时间	航母	安装时间
"斯坦尼斯"（CVN-74）	2001.06	"卡尔·文森"（CVN-70）	2002.08
"尼米兹"（CVN-68）	2001.09	"罗斯福"（CVN-71）	2002.11
"华盛顿"（CVN-73）	2001.09	"里根"（CVN-76）	2002.12
"林肯"（CVN-72）	2001.09	"艾森豪威尔"（CVN-69）	2003.06
"杜鲁门"（CVN-75）	2001.09	"布什"（CVN-77）	2009.1

● 优化和完善结构设计

在使用过程中，航母原有的结构设计可能暴露出一些不足，需要对结构设计进行优化和完善，以改善航行性能、安全性、使用性能等。而这种优化和完善可能会在现役航母改造中实施，也可能会在后续新建的航母中加以改进。

（1）使用新型装甲和结构材料，提高安全性。

"尼米兹"级航母从第 4 艘舰"罗斯福"号开始，在弹药库的舷侧增加了 63.5mm 厚的凯夫拉装甲板，在弹药库和机舱顶部同样增设了该型装甲板，形成箱形防御结构。第 5 艘舰"华盛顿"号以后的航母舰桥上增设了这种弹片防御装甲。"斯坦尼斯"号以后各舰采用高强度低合金钢 HSLA-100 建造，这种钢质量更轻，并提高了弹片防御能力。

（2）采用新型球鼻艏，改善航行性能。

"尼米兹"航母的后两艘舰"里根"号和"布什"号采用了新球鼻艏。

图 6-8　"尼米兹"级航母"布什"号经过改进的球鼻艏

带有球鼻艏的艏部分段重达 722t，除了能减少航母的航行阻力外，还能为航母首部提供更多的浮力（见图 6-8）。

（3）优化舰岛，增加舰面容机量和其他性能。

"尼米兹"级航母的"岛"式上层建筑也有改进，如图 6-9 所示，"尼米兹"级前 8 艘舰的"岛"后方设置了一个天线桅杆，到第 9 艘"里根"号，该桅杆已转移到"岛"上，以腾出更多的飞行甲板面积。"里根"号和"布什"号的舰岛还有其他若干改进，如图 6-10 所示。

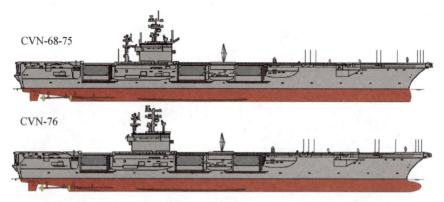

CVN-68-75

CVN-76

图 6-9　"里根"号航母的"岛"式上层建筑与之前航母相比示意图

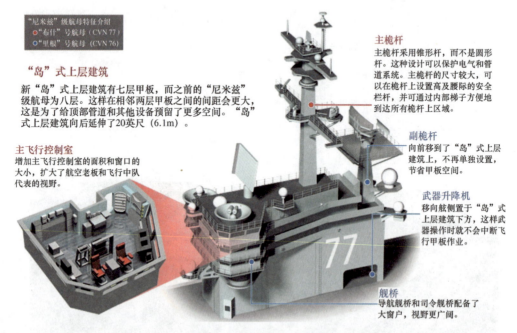

"尼米兹"级航母特征介绍
● "布什"号航母（CVN 77）
● "里根"号航母（CVN 76）

"岛"式上层建筑
新"岛"式上层建筑有七层甲板，而之前的"尼米兹"级航母为八层。这样在相邻两层甲板之间的间距会更大，这是为了给顶部管道和其他设备预留更多空间。"岛"式上层建筑向后延伸了20英尺（6.1m）。

主飞行控制室
增加主飞行控制室的面积和窗口的大小，扩大了航空老板和飞行中队代表的视野。

主桅杆
主桅杆采用锥形杆，而不是圆形杆。这种设计可以保护电气和管道系统。主桅杆的尺寸较大，可以在桅杆上设置高和腰际的安全栏杆，并可通过内部梯子方便地到达所有桅杆上区域。

副桅杆
向前移到了"岛"式上层建筑上，不再单独设置，节省甲板空间。

武器升降机
移向舷侧置于"岛"式上层建筑下方，这样武器操作时就不会中断飞行甲板作业。

舰桥
导航舰桥和司令舰桥配备了大窗户，视野更广阔。

图 6-10　"里根"号和"布什"号航母舰岛的改进

第二节 水面主战舰艇

水面主战舰艇主要包括驱逐舰、巡洋舰、护卫舰、两栖战舰艇等。作为海军武器装备体系的重要组成部分，水面主战舰艇是体现海军作战能力的主要载体，受到世界各国海军的重视。对水面主战舰艇进行升级改造，实现水面舰艇的持续发展，成为各国海军武器装备建设的重要内容之一。从各国水面主战舰艇发展实践来看，水面主战舰艇的升级改造主要集中在以下几个方面。

● **保持主体平台不变，通过改变舰载设备，形成系列发展或发展新一代舰**

水面主战舰艇总体技术的发展要远远落后于舰载设备的发展。因此，在成熟的水面主战舰艇主体平台上继续发展系列化的舰艇，甚至是发展新一代舰艇，成为许多国家发展水面主战舰艇的一种重要而又经济的方式。

其中，水面主战舰艇系列化发展的典型代表是美国的"阿利·伯克"级（DDG 51）驱逐舰。从 20 世纪 80 年代设计开始，经历近 30 年的发展，该型舰已发展了 I 型、II 型、II A 型，并决定发展 III 型，有望发展 IV 型。

在已经发展的三型中，I 型有 21 艘，II 型有 7 艘，II A 型有 34 艘。I 型和 II 型在主体平台结构上没有进行改进或改动，主要区别和改进体现在电子装备，II 型装备了一些新型或者改进的电子设备

> DDG-51 II 型装备新型或改进的电子设备主要有：
> ◇ SRS-1 测向仪，可为超视距目标提供可靠的探测与跟踪；
> ◇ 联合战术情报分配系统（JTIDS），用于军种间的情报分配；
> ◇ TADIX-B 型战术数据信息交换系统，用于舰艇间的警戒信息的交换；
> ◇ 改进型 SLQ-32（V）3 电子战系统，并使用"标准 -2"Block IV 型舰空导弹。

从 II 型到 II A 型，主体平台基本未变，但为了增强攻潜能力，在船体结构上进行了部分改进：在船艉增加了 2 个直升机库和直升机安全回收与搬

运系统，可搭载 2 架 SH-60R 直升机，增加了直升机反潜能力，ⅡA 型舰的船长也因此增加 4 英尺，但牺牲船艉的"鱼叉"反舰导弹，削弱了反舰能力。

ⅡA 型重点改进的是电子设备和武器系统，主要有：

◇ 垂直发射的改进型"海麻雀"导弹取代了 2 座六管 20mm"密集阵"系统，具备反导能力；

◇ 增设"翠鸟"猎雷声纳；

◇ 使用光纤技术，减轻重量，提高可靠性；

◇ 重新布置SPY-1D相控阵雷达的阵面，并在该雷达系统中增加了初始跟踪处理器；

◇ 配备 WLD-1 遥控猎雷系统，具备制式猎雷能力；

◇ 舰桥增加了光电潜望镜。

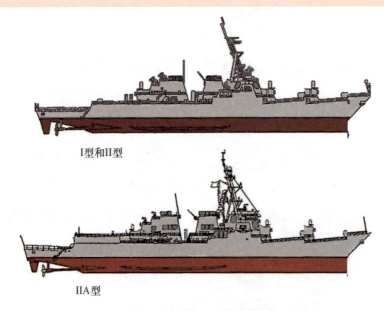

I型和II型

IIA型

图 6-11 美国发展的 I 型、II 型和 IIA 型"阿利·伯克"级驱逐舰

通过这种"主体平台不变，不断升级舰载设备"的途径，DDG 51 级驱逐舰在有效控制成本的前提下，实现了作战性能的稳步提高，虽已服役 20 年，但其综合能力仍领先世界。按照美国海军的设想，III 型舰将继续在 ⅡA 型的平台上采用混合电力系统、防空反导雷达、缩小版先进舰炮等先进技术，并进一步提高自动化程度，减少人员配置。如果实现，美国海军将使用同一种水面主战舰艇基本平台达 70 年之久，并一直保持世界领先水平。

利用相同的主体平台发展新一代的舰艇也是水面主战舰艇的重要发展方式。如美国海军利用"斯普鲁恩斯"级驱逐舰（DD 963）的船体设计，发展了"基德"级驱逐舰（DD 993）和"提康德罗加"级巡洋舰（CG 47），三者的船长和船宽相同，只是由于任务使命不尽相同，所配备的武器装备也不尽相同，满载排水量也不相同，但是三者在总体布置也极为相似（见图6-12）。

图 6-12　美国海军发展的 3 型水面舰艇

● 更换或加装新型武器负载

水面主战舰艇的服役期通常约为 30 年。在这期间，对舰载武备、电子设备等负载进行加换装，成为提升水面主战舰艇的作战能力，满足新作战需求的重要途径。

美国"提康德罗加"级巡洋舰前五艘采用 Mk-26-5 型斜架发射系统。70 年代末，美国研制成功发射速度更快、可靠性更高、维护更加方便的 Mk-41 型垂直发射系统。从第六艘开始，"提康德罗加"级巡洋舰即放弃斜架导弹发射系统，换用 Mk-41 型垂直发射系统，可以发射"标准"-Ⅱ Block 4 型导弹和"海麻雀"导弹。此外，该型舰在改造中还用"拉姆"Ⅰ型导弹取代"密集阵"近程武器系统；将对陆常规攻击的"战斧"巡航道导弹射程从 1300km 增加到 1853km；用改进的 127mm/62 倍口径舰炮替换 Mk-45-1 型 127mm/54 倍口径舰炮，可发射使用全球定位系统 GPS 制导的增程制导炮弹，射程达到了 140km，命中精度为圆概率误差 10m。

◀图 6-13 带斜架导弹发射装置
（舰炮后）的"提康德罗加"
级巡洋舰

▶图 6-14 装导弹垂发装置的
"提康德罗加"级巡洋舰

英国 23 型"公爵"级护卫舰通过加装武器,实现作战能力的拓展。23
型护卫舰最初是作为纯粹的反潜舰开发的,没有配备其他的武器装备。"马
岛"海战后,英国发现仅配备反潜设备的护卫舰容易受到攻击,而且一艘舰
仅能承担一项任务显得很浪费。因此,英国海军对 23 型护卫舰进行改造,
装备了 1 部大型声纳、1 座对岸火力支援舰炮、反舰导弹、垂直发射的"海狼"
防空导弹等。2007 年年底,英国继续改造 23 型护卫舰,加装了 2087 型
拖曳阵声纳,改进了垂直发射"海狼"防空导弹系统,安装了改进型 Mk8
Mod 1 型 114mm 舰炮,进一步提高舰艇的探测、攻防能力。

图 6-15 23 型护卫舰改装前后的变化,右图垂发装置明显

● 注重舰船的电气化和自动化改造

除了对舰载武备、电子设备等负载进行加换装外,对水面主战舰艇的机
电设备进行升级改造,提高舰艇的电气化和自动化程度,也是水面主战舰艇
升级改造的重要内容之一,其主要目的是进一步减少人力、节省全寿期费用、
提高舰艇作战效能。

美国海军在 1996 年开始实施"智能舰"项目,计划对包括"提康德罗加"
级巡洋舰、"阿利·伯克"级驱逐舰等水面主战舰艇进行升级改造。"智能舰"
项目的核心是利用先进的信息技术以及 COTS 产品,实现舰艇系统的集成,
提高舰艇的自动化程度。升级改造主要内容包括两部分,一是在硬件上,将
各种综合平台管理系统技术应用到舰艇上,这些技术随后被集成为利顿海事
公司的"综合舰艇控制"系统;二是在软件上,引入新的政策、规程、方法

等，改革舰上战备值班、维修等工作的行为方式，提高效率，减少人力。

在硬件方面，"智能舰"计划的核心工作内容是利用民用信息网络技术，将综合舰桥系统（IBS）、综合状态评估系统（ICAS）、损管系统（DCQ）、机械控制系统（MCS）、燃油控制系统（FCS）、无线内通系统进行集成，为海军的舰艇提供一体化的综合平台管理系统。美国有27艘"提康德罗加"级巡洋舰于2004年完成了改装"智能舰"的改装，美国海军还计划用"智能舰"系统装备57艘"阿利·伯克"级驱逐舰，使改装总舰数达84艘。

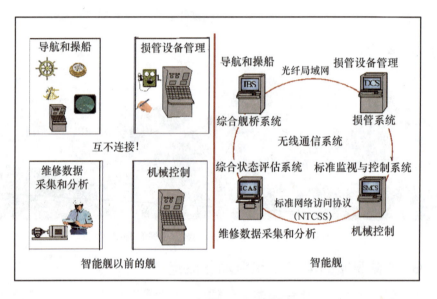

图6-16 智能舰核心技术新旧对比

"智能舰"改造给舰艇的使用带来明显改善：

◇减少人力，节省经费。"约克城"号舰桥工作组的值守人员从13人减少到3人；轮机工作组人员可以更加灵活地操纵轮机设备，轮机中心控制站的值守人员从11人减少到4人；舰上每周工作量减少9000人时（约30%），全舰减少44名船员和4名军官；每舰每年可节省260万美元，"约克城"号所进行的技术投资可在17年内收回。

◇加强态势感知。舰艇信息通过全舰局域网络传输到各重要部位，使得值班战位和指挥阶层中每个人都能监视舰艇系统的状态，随时清楚地了解航行状态，并在舰艇异常或发生事故时得到报警。

◇改善舰员工作和生活状况。舰员在海上的日常生活被重新安排，能更好地利用值班时间，夜以继日的值班被减小到最少程度，舰员能够得到更好的休息，随时响应紧急情况。舰员被安排执行那些能够发挥自己专业知识的任务。作息表上为舰员安排了休闲活动时间。舰员们能够感受到自己的工作对整舰任务的重要作用，满足感改善了舰员的精神面貌，提高了完成任务的质量。

CG-47级巡洋舰平台管理系统配置

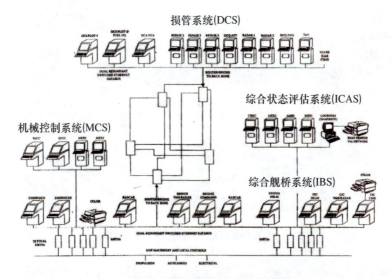

图6-17 "智能舰"的平台管理系统配置图

● 对船体结构进行局部改进，优化性能

目前大型水面主战舰艇船型以干舷外飘的常规单体排水船型为主。尽管美国海军在新一代驱逐舰DDG 1000上采用了干舷内倾的穿浪单体船型，成为水面主战舰艇船型设计的一次重大突破。但是从船型技术发展来看，常规单体排水船型将依然是未来水面主战舰艇的主导船型。为此，不断对船体结构进行局部改进，提高航行性能成为水面主战舰艇升级改造的重点之一。

美国为降低DDG 51级驱逐舰航行阻力、提高航速、节省燃油，开展了多项船体结构改进研究。

一是采用新型的球鼻艏。20世纪90年代，美国海军海上系统司令部卡迪洛克分部研究在DDG 51驱逐舰现有球艏声纳罩（原有球鼻艏）上方加装球鼻艏的方案，以进一步降低航行阻力，如图6-18所示。

新球鼻艏

原球鼻艏

图 6-18 安装在 DDG 51 驱逐舰模型上的球鼻艏

卡迪洛克分部研究表明，DDG 51 驱逐舰上加装球鼻艏可带来以下效果：

◇ 航速 11.7kn 以上可降低航行阻力，舰艇在巡航速度和最大速度下阻力分别减少 7% 和 3%，20~21kn 航速下效果最明显，可降低 7.2%；

◇ 按照当前 DDG 51 驱逐舰的使用情况，阻力平均降低 6%，年均燃油消耗量降低 3.9%；

◇ 航程增加 4%；

◇ 最大速度增加 0.2kn；

◇ 减小推进器载荷，从而改善推进器的空泡特性；

◇ 球鼻艏可为备用声纳系统提供安装空间；

◇ 不影响原有声纳的正常工作。

　　美国海军认为，在 DDG 51 驱逐舰上安装球鼻艏每年每舰节省 2400 桶燃油。1994 年，卡迪洛克分部称在当时 79 艘巡洋舰和驱逐舰上安装球鼻艏的总开发和安装费用少于 300 亿美元，而全寿期燃油费用可节省 2500 亿美元。美国国防部 2000 年表示，在 50 艘 DDG 51 驱逐舰上安装球鼻艏可节省 2000 亿美元的全寿期燃油费用。到目前为止，新开发的球鼻艏尚未在美国海军驱逐舰上正式使用。

二是为 DDG 51 级驱逐舰安装艉均衡翼板（见图 6-19）。这是一块固定安装在船艉的平板，通过改变船体后部流场，降低航行阻力，进而提高燃油效率，提高航速和航程，改善螺旋桨工况。艉均衡翼板在小型、高速船上应用已经比较广泛，但在大型舰艇上应用还较少。

图 6-19 安装在"科蒂斯·威尔伯"号驱逐舰（DDG 54）上的艉均衡翼板

图 6-20 "科尔"号驱逐舰（DDG 67）正安装艉均衡翼板

2000 年，DDG 51 驱逐舰一个艉均衡翼板的制造和安装费用为 17 万美元。美国国防部在 2006 年 9 月证实，DDG 51 驱逐舰安装艉均衡翼板每年每舰可节省燃油消耗量 7.5%，即4700桶，节省经费19.5万美元；球鼻艏和艉均衡翼板联合使用则可使燃油效率提高15%。由美国海军水面作战中心卡迪洛克分部研发的艉均衡翼板已经在美国海军舰艇上得到广泛应用，截至2004年11月，美国海军在包括驱逐舰在内的98艘舰艇上安装了艉均衡翼板，共节省燃油费用4400万美元。

三是采用螺旋舵（见图6-21）。设计螺旋舵的目的主要是为了在DDG 51驱逐舰机动期间减少舵的侵蚀破坏，避免空泡作用。由于舵是在螺旋桨的尾流（包括了漩涡）后运行，漩涡对舵的翼展产生不同角度的撞击，这样会引起空泡的产生。如果舵与局部来流相一致，就能够减少或者避免空泡的产生。螺旋舵的空泡性能比DDG51上安装的标准舵的性能高7个等级。强制测试表明，螺旋舵的回转性能与DDG51的标准舵相当或稍好于标准舵。

图 6-21 螺旋舵

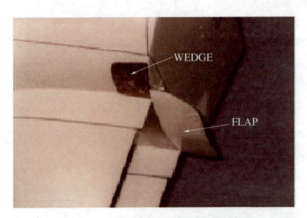

图 6-22 DDG 51驱逐舰模型上安装的综合楔形襟翼

四是开发综合楔形襟翼（见图6-22）。DDG 51综合楔形襟翼设计项目主要研究的是一个艉部襟翼能否安装到船体的艉板楔上。这个项目比较特殊，因为楔和襟翼在以前被认为是独立的装置，而该项目要对楔和襟翼相结合的初始模型进行改进。如果这种设想能够实现的话，将能进一步降低舰艇对动力的需求，减少推进燃油消耗量，进而降低成本。

第三节 潜艇

潜艇是海军武器装备体系的重要组成部分，也是最主要的水下作战力量。近些年来，美俄英法等核潜艇大国持续推进核潜艇升级换代，颇受中小国家重视的常规潜艇呈现出快速发展态势。但是，对现役潜艇的升级改造依然是各国潜艇建设的重要方面。从国外发展情况看，国外通过升级改造重点提高潜艇的以下能力：

● 加换装先进的电子设备，增强潜艇 C^{4}N（指挥、控制、通信、计算机和导航）及探测和定位能力

现代战争中，潜艇的 C^{4}N 及探测和定位能力对潜艇参加网络中心战，实现信息共享，实施远程预警和打击，完成作战使命具有十分重要的作用。随着科技的不断发展，对潜艇上的通信、导航、声纳等系统不断的进行升级，以增强其作战能力。

美国海军从 20 世纪 70 年代开始发展"洛杉矶"级攻击型核潜艇，在使用过程中不断利用先进技术和设备进行作战能力升级。例如，SSN-688"洛杉矶"号~ SSN-699"杰克逊维尔"号这 12 艘核潜艇在建成服役时装备的是 Mk 113 Mod10 型鱼雷火控系统，后来被改装成 Mk 117 型鱼雷火控系统，实现了对"战斧"巡航导弹、"鱼叉"反舰导弹和 Mk48 鱼雷的控制。SSN-751"圣·胡安"号以后的"洛杉矶"级核潜艇用 BSY-1 潜艇先进综合作战系统取代了之前的 MK1 作战系统，用 UYK-44 计算机替换 UYK-7 计算机，同时装备了探雷和避碰系统，使潜艇的作战能力得到显著提高。

各国也在重视通过升级改造，提升常规潜艇的作战能力。德国在第二批 212A 型潜艇上换装了 ISUS 90 声纳和武器控制系统及电子海图，改善了潜艇的测距、监视、侦察能力（见图 6-23）；挪威海军对"乌拉"级潜艇的导航系统进行升级，安装了新型的 SIGMA 40XP 激光陀螺导航系统，提高了潜艇在磁干扰环境下工作的能力。

第六章 海上武器系统升级改造

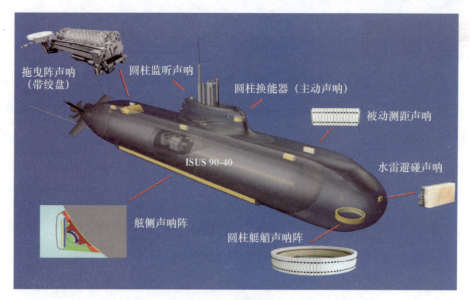

拖曳阵声呐
（带绞盘）

圆柱监听声呐

圆柱换能器（主动声呐）

被动测距声呐

ISUS 90-40

水雷避碰声呐

舷侧声呐阵

圆柱艇艏声呐阵

图 6-23　德国第二批 212A 型潜艇的集成声纳和武器控制系统

此外，随着联合作战能力越来越重要，潜艇作为水下作战的主要力量，也需要将其融入到网络中心战中，因此，在对潜艇进行升级改造的过程中，十分重视增加的潜艇的网络中心战能力。美国将在潜艇上安装高数据率多波段卫星通信系统，使潜艇可以融入部队网和舰队战斗群协同，加入到网络中心战行动中。

● **对艇体结构进行局部改进，提高潜艇的隐身性能**

潜艇的最大威力来源于隐蔽打击，隐身性是其主要作战优势，各国在对潜艇进行升级改造过程中，都非常重视提高潜艇的隐身能力，特别是提高潜艇的声隐身能力。

澳大利亚"柯林斯"级潜艇在服役后出现了严重的噪声，除了主机柴油机等机械噪声过大、螺旋桨的空泡噪声超过了合同规定的指标外，"柯林斯"级潜艇艇体不合理的外形还导致了产生了比较严重的水流噪声的问题。"柯林斯"级潜艇指挥台围壳后部的上层建筑，在靠近艉部的位置与耐压艇体的衔接时形成一个十分陡峭的斜坡，这种几乎没有圆滑过渡方式的连接形式以及该级潜艇不合理的指挥台围壳形状，使得该级潜艇在水下高速航行时，其后半部产生显著的系列流体涡流，并且形成的系统涡流直接进入艉部的螺旋桨工作区，当螺旋桨的桨叶与涡流相遇时，引起桨叶振动和噪声。

为解决这些问题，澳大利亚海军在"柯林斯"级潜艇进行了升级改造，对潜艇上层甲板的外形重新修改设计并加强，在指挥台围壳前缘根部与潜艇艇体增加了一种圆弧状连接结构，从而使得指挥台围壳前缘与该艇的上层建筑外缘之间形成了平滑过渡。这种设计可以有效降低指挥台围壳产生的乱流，在减少阻力的同时，降低噪声。此外，还对"柯林斯"级潜艇的指挥台围壳后缘进行局部整体设计，倾斜角度明显加大；指挥台围壳后部上层建筑形式也由原来容易引起旋涡的半圆形收尾，改成了渐变收尾的形式，有点类似于半圆锥形；围壳舵和尾舵的外形也进行了修改，以改变艇体的水动力特性，减小湍流对螺旋桨的影响。这些改进，能改变艇体流体动力特性，降低流体噪声水平，并减轻对螺旋桨的影响。

图 6-24 "柯林斯"级潜艇指挥台围壳改造前

图6-25 "柯林斯"级潜艇指挥台围壳改造后

● 加装特种装置，提高潜艇特种作战能力

现代战争中，特种作战部队可以执行救援、搜索、破袭、情报搜集以及引导空中打击等作战任务，利用潜艇秘密输送特种作战部队，具有隐蔽性好、安全性强等特点，越来越受到各个国家的重视。在潜艇升级改造过程中，也注重增强潜艇的特种作战能力。

美国"洛杉矶"级核潜艇的 SSN-700"达拉斯"号已于 1995 年—1996 年间被改装成携带干式甲板装置的专用核潜艇，利用这种干式甲板装置可以运送"海豹"突击队员，或者安装蛙人输送器以及 20 名"海豹"突击队员相应的全套装备。SSN-688"洛杉矶"号、SSN-690"费城"号以及 SSN-701"拉霍拉"号这 3 艘核潜艇亦相继被改装成携带干式甲板装置的专用核潜艇。另外，4 艘"俄亥俄"级弹道导弹核潜艇在改装为巡航导弹核潜艇时，将两个导弹发射管改装为可以携带干式遮蔽舱，用来运载特种部队，总共可以运载 66 名特种部队成员。美国还有计划在"弗吉尼亚"级潜艇上安装先进海豹输送系统（ASDS），可以秘密布放和回收特种部队及其装备。

德国第一批 212A 型潜艇上的特种部队通过鱼雷发射管进行布放和回收，第二批 212A 型潜艇将会在指挥台围壳上安装一个密封舱，供特种部队进出，这样可以提高布放效率，同时还提高了潜艇和人员的安全。此外，还将在潜艇外部安装额外的储存舱，为特种部队提供装备，并在水下进行释放。

图 6-26 带特战队员输送系统的"洛杉矶"级潜艇

● 配备新型武器负载，增强攻击能力

随着潜艇的作战环境向近海转移，需要增强潜艇的对陆攻击能力，为陆上攻击部队提供远程火力支持。先进国家新发展的潜艇许多具备对陆攻击能力，如英国"机敏"级、法国"梭鱼"级、俄罗斯"亚森"级，韩国也计划为下一代潜艇配备对陆攻击导弹。而现役潜艇的改造中，提高对陆攻击能力也是重要方面。

美国"洛杉矶"级核潜艇 SSN-688"洛杉矶"号~ SSN-718"火奴鲁鲁"号这 3l 艘核潜艇，每艘核潜艇上可以装备 8 枚利用鱼雷发射管发射的"战斧"

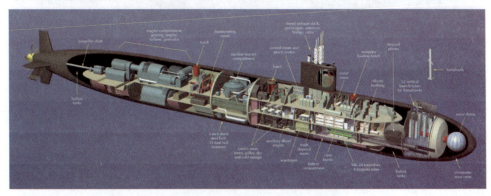

图 6-27 带垂发装置的"洛杉矶"级核潜艇

巡航导弹。从 SSN-719 "普罗维登斯" 号核潜艇至该级的最后一艘 SSN-773 "夏延" 号核潜艇，由于改进了设计，这 31 艘核潜艇的艏部球形声纳与耐压艇体首端封头之间的耐压水舱中装备了 12 个 "战斧" 巡航导弹的垂直发射筒，从而将每艘核潜艇的 "战斧" 导弹携带数量增加到 20 枚，加强了 "洛杉矶" 级核潜艇的对陆攻击能力。

德国将在第二批 212A 型潜艇上集成光纤制导导弹系统 IDAS（潜艇交互式防御和攻击系统），除了可以攻击直升机之外，也可以攻击沿海陆地目标（见图 6-28）。

图 6-28 第二批 212A 型潜艇实现了对陆、空、对舰攻击

第四节 舰炮武器

舰炮是一种传统的舰载武器，尽管导弹的出现使其在作战中降至辅助性地位，但仍然是未来水面主战舰艇必不可少的武器。目前，舰炮的发展较为缓慢，其重点是通过升级改造，提高打击距离和精度、提高自动化程度，以及为适应水面主战舰艇的隐身化发展要求，改善隐身性能。

● 开发增程制导技术，提高打击距离和命中率

提高打击距离的要求是与近海作战战略的提出密切相关的。冷战后，海战区域向近海转移，从海上实施对陆打击成为舰艇重要任务。而利用导弹执行这一任务显然成本较高，用舰炮发射炮弹则显然要便宜得多。因此，使主战舰艇的大中口径舰炮具备远程对陆攻击能力就成为舰炮武器升级改造的重要内容。

为了使 Mk45-4 型 127mm 舰炮具备对 100km 以外的陆上目标实施精确打击的能力，美国海军对其进行了如下技术改进：

图 6-29　Mk45-4 型 127mm 舰炮

（1）对发射系统的改进。

包括：炮管长从原来的 54 倍口径加长到 62 倍，其基座环和炮耳支架由更坚固的材料制造，以承受增程制导弹药高达 18MJ 的发射动能（常规炮弹为 9.6MJ）；加装可识别增程制导弹丸及其发射药的弹药识别装置；增设接口装置，以便在装填和发射前将制导和导航数据输入增程制导弹药等，由于导致炮座重比 Mk45-2 型增加约 10%。

为了解决高膛压、高爆温所带来的弊端，美国在最为关键的 62 倍身管上采用了先进的身紧工艺技术，炮膛内衬和耐磨涂层等新技术。并采用了一种新型多凸起炮尾，它能更好地将火药力均匀地传递到炮身套筒，较好地解决了长炮管静态下垂弯的问题。由于炮管的制造上运用了新材料，使 Mk45-4 型舰炮身管能够承受 5168.1MPa 的高膛压。如此高的膛压为今后研究新型弹种预留了空间，但却增大了舰炮的后坐能量。在优化舰炮后坐装置结构的设计上，还不得不使其后坐长度加长了 152mm。

同时，还采用了一种新的降低膛烧蚀的冷发射药技术，该技术能够在高温、高压的条件下延长炮管的寿命。由于其发射率不高，身管冷却选择每发射击后吹冷气的方式，一方面简化了结构，同时清理了炮膛，还能保证持续发射时的战术使用。

（2）研发 127mm 增程制导弹药。

EX-71 型火箭助推增程制导炮弹重 50kg，携带 72 枚 EX-1 型双用途锥形装药/破片子弹药。该弹的射程远远超过目前的常规弹道式炮弹，最低极限射程为 76km，目标射程达到了 117km。同时，这种增程弹还采用了全球定位系统跟踪和惯性导航制导，圆概率误差小于 5m。EX-71 型弹应用了微机电技术（MEMS），价格低、体积小、功耗小，可使该炮弹内部有足够空间装更多杀伤弹药，可大大提高炮弹的打击威力（见图 6-30）。

图 6-30 风洞试验中的 127mm 增程制导炮弹

表 6-5　Mk45 型舰炮的主要性能指标

	Mk45-0 ～ 2	Mk45-4
口径 / 身倍	127/54	127/62
初速 / (m / s)	807.7（Mk45-2），762（Mk45-0）	807.7（常规弹药），853（ERGM）
旋回范围 / (°)	340	340
俯仰范围 / (°)	- 15 ～ + 65	- 15 ～ + 65
旋回速度 / (° / s)	30	30
俯仰速度 / (° / s)	20	20
炮座重量（无下部扬弹机）	22.2	24.4
发射率 / (发 / min)	16 ～ 20	23 / 40（点射）
射程 / km	24（对海），15（对空）	37（常规弹药），117（ERGM）
弹药重 / kg	31.75（不带发射药）	31.75（不带发射药）/ 50（ERGM）
动力供给	440V，3 相，60Hz	440V，3 相，60Hz
动力负荷 / kW	52（辅助），101（平均），180（峰值）	52（辅助），105（平均），182（峰值）

（3）增设了网络化数据通信接口装置。

Mk45-4 型舰炮功能强大的网络化数据通信接口能及时地把目标数据传送至 ERGM。而新增加的条码弹种识别器，能准确保证装填弹丸与发射药相匹配。实现了变状态射击时的全自动化。该型炮人机界面友好，人性化设计进一步简化了舰炮操作程序和维修工作的强度。

总之，Mk45-4 型改进后，实现了高能发射、增程制导炮弹和 NSFS 火控设备构成的新型舰炮系统。Mk45-4 型与其前 3 型舰炮相比，在射程、多用途和毁伤能力等方面都获得了很大提高，使舰炮的射程达到了战术导弹相当的程度。

意大利"奥托·梅拉腊"127mm 舰炮在其最新改进中，计划采用正在研制的一种新型增程弹药，这种增程弹将是一种整体式次口径尾翼稳定弹药（没有分装式发射药），弹头可用杀伤爆破弹、穿甲弹和子弹药，初步设计射程为 70 ～ 100km。为了满足高精度攻击要求，该弹还将采用惯性测量装置 /

全球定位系统（INT/GPS）技术，并用于配备鸭舵和电子飞行控制系统，用于精确的远程对岸轰击作战。

●采用机器人、计算机控制等技术，提高舰炮的智能化和自动化水平

随着计算机技术、机器人技术、自动控制技术、软件技术的进步及大量应用，舰载武器的智能化和自动化水平已大幅度提高，舰炮已发展成一种全自动操作、智能灵活的多用途武器，在弹药、装填、操控等方面采用新技术，提高自动化程度，成为舰炮升级改造的重要工作。

美国 Mk45-1 舰炮及其后续改型都增加了自动选弹功能，能发射 6 种不同炮弹，提高了该舰炮对付不同威胁的快速反应能力。具体地说，6 种炮弹是：薄壁爆破榴弹（HC）、黄磷烟幕弹（WP）、照明弹（SS）、照明弹 2（SSZ）、高杀伤破片榴弹（HF）、半主动激光制导炮弹（SALGP）、红外制导炮弹（IRGP）；引信包括：机械时间引信（MT）、可控时间引信、弹头起爆引信、弹头起爆延时引信、红外引信、近炸或可变时间引信、电子式可调引信；火药有：标准装药／减装药、增装药、制导炮弹装药。在执行某一项任务中，可将 6 种炮弹、引信和装药配成 6 种组合（1~6 号）。如果任务改变，这 6 种组合可通过舰炮控制台上的功用开关予以变换。在下扬弹机装弹位置的显示板也标有待装的弹种指令。最新改型的 Mk45-2 型 Mod4 舰炮对弹鼓中所有类型弹药的装卸、上炮及发射全部实现了自动化，能自行确定、选择、装定弹种；能通过内部数字接口及电话与舰上其他对岸火力支援作战部门和其他系统进行通讯，接收和显示从传感器和火控系统传来的目标数据。

体现出智能化水平的另一个重要标志是舰炮换用新型弹药，如瑞典 57mmMk3 型舰炮配用的新型 3P（预制破片、可编程、近炸引信）弹药，该弹药是中口径舰炮家族中首次出现的第一种多功能弹药，它可使舰炮具有高度的战术灵敏性，可根据目标类型，按六种功能方式编程，有效打击空中、

水面或陆地目标。这类新型弹药也已在"博福斯"40mm 舰炮上使用。

● 优化外形设计，改善隐身性

随着各国对水面主战舰艇雷达波隐身性能的重视，舰炮的雷达波隐身性能也逐步得到重视。各国非常注重通过舰炮的改进发展，采用通过优化外形设计和新材料等手段，减少舰炮的雷达波散射截面积。

瑞典 57mm 舰炮在 Mk1 型—Mk2 型—Mk3 型的发展演变过程中，炮塔隐身性能不断得到提高。Mk2 型较 Mk1 型主要在炮塔外形上有所改观。Mk3 型较 Mk2 型，进一步优化了炮塔外形设计；且炮管不使用时可以缩回炮塔内，这一设计可以说是舰炮发展历上的一个创新之举，使舰炮隐身技术发展迈向一个新台阶。目前，美国正在开发的 155mm 先进舰炮系统也在效仿 Mk3 型舰炮的做法。

Mk1型

Mk2型

Mk3型

图 6-31 瑞典 57mm 舰炮的发展演变

在 Mk45-4 型舰炮上，美国海军首次实施了炮塔外形隐身设计，顺应了海军武器装备发展的必然趋势（见图 6-32）。具体上讲，采用微波吸收

图 6-32 Mk45-2 型、Mk45-4 型（右）、舰炮的外形比较

复合材料和涂料以及玻璃钢折射外形，大幅度缩小炮塔目标的雷达反射效应，以完善其自身的防护能力。首门Mk45-4型舰炮已于2001年装备在"阿利·伯克"级导弹驱逐舰"温斯顿·丘吉尔"号上。

第五节　鱼雷

鱼雷是最具海军特色的武器装备，在反潜战、反舰战、舰艇自防御中具有突出的作用。当前鱼雷的发展主要是通过现有鱼雷的升级改造，改进发展新型鱼雷或者提升鱼雷的作战性能。

● 不断采用先进电子控制器件，提高目标辨别和抗干扰能力，以及精确制导能力

舰艇大量采用喷水或泵喷推进器，以及在船体上敷设消声瓦等新技术，降低了自噪声，使得鱼雷的主动探测能力大幅度减弱。另一方面，为了防御鱼雷的攻击，各国也在开发各种新型诱饵和水声干扰器材，使鱼雷更难分辨真实目标。为对抗不断产生的干扰和威胁，各国不断对鱼雷进行改进，以提高鱼雷的抗干扰和识别真假目标的能力。相关升级改进包括采用电子装置、用光纤代替铜线缆、改进换能器和目标识别算法等。

以美国 MK48 鱼雷为例，MK48-5 型鱼雷在 MK48-4 型鱼雷的基础上大量的使用了新型的电子装置。包括用数字化技术改造模拟自导头和制导系统，使用可编程计算机；重新设计了换能器基阵，在搜索和跟踪时改用电子扫描；改进了工作网络和目标识别，具有了水下对抗能力等（见图6-33）。

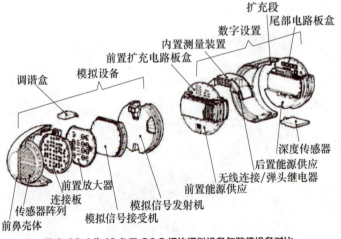

图6-33 Mk48 鱼雷 G&C 模块模拟设备与数值设备对比

随着美国海军战略部署的调整，鱼雷的近海作战能力成为发展的重点。而浅水区存在海面与海底反射，且浮游生物多，混响大，鱼雷高速航行易产生空泡噪声等不利因素，致使普通声自导鱼雷在浅水区的攻击效果不理想。因此美国最新的 MK48-7 型鱼雷将前期型号的窄带声纳系统升级为通用宽带先进声纳系统。采用通用宽带技术后能够获取更多目标特征信息，便于进行反对抗波形设计，从而提高鱼雷自导的反对抗能力。相关改进还包括采用先进处理机，在制导和控制方面采用新技术，增加内存容量，改进了处理器的信息吞吐量等。经过升级，MK48-7 型鱼雷的自导作用距离增加，对目标数据的自适应能力提高，能确保对真实目标进行打击。

● 采取多措施，降低噪声

提高隐身性能是鱼雷升级改造的重要方面。其中鱼雷隐身最重要的是降低自身噪声，包括降低推进系统噪声、减少流体噪声等。

如老式的鱼雷使用两个正反转螺旋桨，每个螺旋桨通常有 4 个桨叶，这种螺旋桨噪声较大。为了降低螺旋桨噪声，鱼雷桨叶数在不断增多，叶形在不断改进。新一代的鱼雷采用先进形状和材料的螺旋桨：德国的 DM2A4 由 5+9 个斜玻璃纤维桨叶的正反转螺旋桨驱动；A184-3 使用 7+6 个玻璃纤维斜桨叶；"黑鲨"使用 9+11 个碳纤维合成物制造的斜桨叶。

其他的方法包括用消声器来降低发动机产生的主机噪声；采取低噪声推进装置（电力推进、泵喷推进等）；增加鱼雷的正浮力并降低负浮力，使鱼雷以小攻角或零攻角航行来降低流体噪声；采用隐蔽的声被动探测技术和低截获率的声主动探测技术，减少鱼雷被发现的概率等。这些先进的解决方法提高了鱼雷的隐身水平。

美国 Mk48-6 AT 型鱼雷为降低自噪声，对发动机汽缸盖、发动机后壁、鱼雷后段前部壳体进行一系列的机械改装。包括在发动机后壁和汽缸盖上新钻一些孔，用于容纳新的交流发电机和调节器硬件；修改发动机前端隔板，重新加工发动机支撑环；增加中间惰性齿；在排气口安装消声器，换装新型泵喷推进器转子，后段壳体采用阻尼材料，隔离驱动轴，采用柔性液体软管；重新设计辅助电子舱段壳体和燃料舱后壁等；这些改进在技术上并不复杂，但却有效地降低了鱼雷的噪声。

第六节　舰载电子信息系统

海军舰载电子系统是现代舰艇的重要系统之一，承担着舰艇作战过程中的态势感知、信息处理及作战指挥管理等功能。由于信息技术发展迅速、更新换代周期短，舰载电子信息系统的发展更多是依靠升级改造来实现持续发展，其中重点集中在以下几个方面。

● 以高效费比的方式持续提高舰载电子系统性能

以较低的成本持续提升舰载电子系统的性能是各国追求目标。随着电子领域民用现成技术和产品（COTS）的快速发展，使得实现这一目标成为可能。

美国现役水面舰艇采用的 AN/SPY-1 雷达自从服役以来，经过 20 多年不断升级改造共发展了五种主要型号，分别为 AN/SPY-1A、AN／SPY-1B、AN／SPY-1D、AN／SPY-1D(V) 及 AN／SPY-1E，另外还发展了出口型 AN／SPY-1F 雷达和用于小型水面舰艇，尺寸最小、重量最轻、成本最低的 AN／SPY-1K 雷达。多年来，AN/SPY-1 雷达的升级改造主要围绕降低成本、减轻重量、缩小体积、提高可靠性和可用性以及抗干扰性能等方面进行的。通过不断地引入新技术和民用现成技术对其天线阵、信号处理机、收／发组件以及控制器不断进行升级和改进，不仅大幅度提高了雷达系统的技术性能和战术性能，也使其天线重量由最初的5.44t降到目前的1.81t，改善了雷达的功率重量比，同时节省了舰船平台宝贵的空间，成本也大幅降低了40%。

20 世纪 90 年代中期，美国海军启动了利用加固型 COTS 计算机技术取代"宙斯盾"系统中军标计算机的计划。从基线 6.1 开始全面引入采用 COTS 技术的 UYQ-70 多功能显控台，使得"宙斯盾"系统跟踪目标的数量提高到了 3000 个。从基线 7.1 型开始完全用多重处理器架构的 COTS 计算机取代了专用的军规 UYK-43/44 型计算机（利用 UYQ-70 的 CY-8874 MCE 与 MEV 计算单元）。通过上述升级改造，"宙斯盾"系统的成本大幅度降低，而作战性能却得到了提升。

● 改善舰载电子系统易升级性和生命力

为应对海上恶劣的电磁环境，以及适应未来不断的电子对抗需求，各国都非常重视电子系统的生命力以及升级性，利用开放式体系结构等技术加大对现有电子系统的改造。采用开放式体系结构以后将使舰载电子系统具有良好的特性，赋予了舰载电子系统生命力强，易于升级改造和经济性的特点。

美国海军从 2003 年开始使用开放体系结构替换驱逐舰和巡洋舰上专用代码的"宙斯盾"系统。目前美国海军每年需要花费数十亿美元对"宙斯盾"作战系统的专有软件进行升级。尽管将"宙斯盾"系统转变为开放式体系结构费用不小，但从长远来看，还是可以为美国海军节省数十亿美元的升级费用。据美国海军估计，采用开放式体系结构的"宙斯盾"系统可每年节省升级费用约 10 亿美元，约为现役舰艇每年软件升级费用的 50%。因此开放式体系结构被美国海军认为是节省舰艇升级费用的重要方法。

美国 AN/SPY-1 雷达在设计之初和升级改造过程中就灌输了开放式结构的思想，采用模块化设计，实现了功能模块化，可使系统某一功能在两条线路上保持独立，这样，若某一线路损坏，不致于使整个系统失效，大大提高了系统的可靠性。而 AN/SPY-1E 雷达则采用了基于 COTS 器件的开放式系统结构，使得系统易于更新，并且易于采用新的雷达波形和数字信号处理技术。美国海军对采用分开式体系结构的"宙斯盾"系统自基线 6.1 系统以后，引入光纤局域网，以取代传统的点对点直接线缆连接，开始具备分布式架构的雏形。最新一代"宙斯盾"采用了"开放式结构计算环境"（OACE）的第3类基础结构，其用户软件独立于计算结构，从而更利于应用软件的更新，降低了技术升级和更新的费用，极大地增强了反潜战的能力，延长了服役期。

● 保持舰载电子系统作战性能的常新

为以较高的效费比持续提升舰载电子系统的性能，国外在电子信息系统发展上采用了螺旋式发展方式。在螺旋式发展过程中，期望得到的（方向性的）能力是确定的，但终态需求在开始时是未知的，需求将随着技术的成熟和用户的预期提高而不断变化，这个过程中用户将不断进行反馈。它通过构成整体的各部分性能交替提升来不断提升整体性能。在系统的螺旋式发展过程中，组成系统的各构成部分随着时间的推移依次得到性能提升，每个构成部分的性能提升都将推动整体的性能改进，这一过程交替进行，周而复始。当螺旋式发展用于装备发展过程时，它通过系统性能交替提升而不断提高装备整体性能。

螺旋式发展能够降低直接在舰载电子系统中引入新技术带来的风险和开发成本。舰载电子系统螺旋式发展的一个典型例子是"宙斯盾"系统的发展。从1983年1月以MK7"宙斯盾"武器系统为基础组成作战系统的第一艘舰CG47"提康德罗加"号巡洋舰正式服役到现在，"宙斯盾"系统已经从基型1发展到了现在最新的基型7.2，并将继续发展下去。"宙斯盾"作战系统软件和硬件的开发清晰地代表了所定义的"基型"的能力，这种能力是按照与作战系统综合的武器、传感器，及指挥、控制、通信、计算机和情报（C^4I）系统的情况确立的。随着时间的推移，这种基型不断插入新的能力。目前，美国海军对"宙斯盾"系统的改进主要集中在"阿利·伯克"级驱逐舰上，已经服役的40余艘"阿利·伯克"级驱逐舰，分别配备不同基型的"宙斯盾"系统，一边使用一边改进。"宙斯盾"系统螺旋式发展过程中的部分改进内容如图6-34所示。

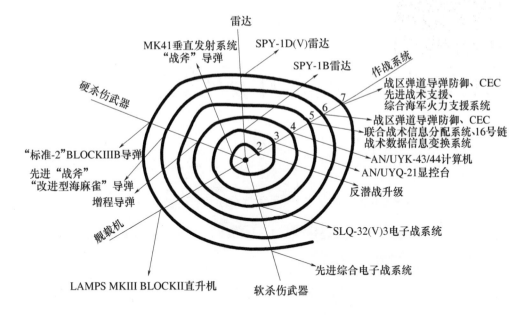

雷达
MK41垂直发射系统   SPY-1D(V)雷达
"战斧"导弹   SPY-1B雷达   作战系统

硬杀伤武器

"标准-2"BLOCKIIIB导弹
先进"战斧"
"改进型海麻雀"导弹
增程导弹
舰载机

战区弹道导弹防御、CEC
先进战术支援、
综合海军火力支援系统
战区弹道导弹防御、CEC
联合战术信息分配系统、16号链
战术数据信息变换系统
AN/UYK-43/44计算机
AN/UYQ-21显控台
反潜战升级

SLQ-32(V)3电子战系统

先进综合电子战系统

LAMPS MKIII BLOCKII直升机   软杀伤武器

图6-34 "宙斯盾"系统螺旋式发展过程中的部分改进内容
图注：数字2～7表示"宙斯盾"系统在基型1基础上发展起来的基型2～基型7

第七章
航空武器系统升级改造

航空武器装备种类众多，主要包括战斗／攻击机和远程轰炸机等作战飞机，空中预警指挥机和对地监视飞机、侦察机、电子战飞机、战略／战术运输机和空中加油机等支援保障飞机，以及各种军用直升机、无人机和机载武器等。由于各机种的技术特点和任务使命有所不同，在升级改造方面也有所不同。

第一节 战斗／攻击机

在各类军用飞机中，战斗／攻击机一直是世界主要国家或地区优先研制和（或）采购的机种。冷战结束后因所面临的威胁大为减弱或无强大的对手，美、俄两国均不同程度地放缓了第五代（从 2005 年起美国空军也像俄罗斯那样开始采用五代战斗机划分，将此前划为四代机的 F–22 和 F–35 重新划为五代机，而此前划为三代机的 F–15 和 F–16 重新划为四代机，本文采用这一标准）战斗机的研制进程，美国国会只授权空军采购 187 架 F–22 战斗机，而且 F–35 联合攻击战斗机的研制进度也已落后，因此美军大大加强了对现役第四代战斗机的升级改造，而西欧、日本和印度等其他主要国家或地区也提出了对其第四代战斗机进行新一轮升级改造。与第散代战斗机相比，第四代战斗机（F–15、F–16、F/A–18、苏 –27、米格 –29 和"幻影"2000等）内部空间大、动力强劲、采用电传操纵系统、机载计算机功能多且效率很高，因而更易于实施大改且拥有很大的多用途化和改型发展潜力。目前，多用途化改进或改型研制是外军第三代战斗机升级改造普遍的重要特征，这

图 7-1　F-15 战斗机

图 7-2　F-16 战斗机

图 7-3　F/A-18 战斗攻击机

▶图 7-4　苏 -27 战斗机

◀图 7-5　米格 -29 战斗机

▶图 7-6　"幻影" 2000
　　　　战斗机

样可提高战斗机作战使用灵活性，并降低了增加或转换主要功能的新机研制成本。

根据现代空战的主要特点和复杂的威胁环境，国外第四代战斗机升级改造的重点如下：

● 不断增强态势感知能力

强大的态势感知能力是实施火力打击和联合作战的先决条件，外军第四代战斗机主要通过改装有源相控阵机载雷达、卫星通信系统和三军通用数据链等来增强态势感知能力，从而提高对隐身目标和低飞小目标的探测能力和联合作战能力。特别是美国空军，正准备为其第四代战斗机普遍换装有源相控阵雷达，这种雷达能使功率更高的波束以电子方式快速扫瞄，与机械扫瞄雷达相比可将探测距离提高 2 ～ 3 倍，可同时跟踪多个空中目标及跟踪作大机动的空中目标。

● 采用"玻璃座舱"降低飞行员任务负荷

外军第四代战斗机通过换装握杆操纵控制、夜视镜兼容的"玻璃座舱"和改进座舱显示控制，大大降低了飞行员任务负荷，使其摆脱繁杂的航电设备操作而专注于作战任务。改装项目包括用多功能彩色（有源矩阵液晶）显示器取代雷达／光电显示器和外挂物控制板，用平板彩色显示器取代阴极射线管显示器、换装扩大视场的折射光学平视显示器或衍射光学平视显示器（可显示字符和前视红外图像）。

● 提高发射后不管超视距多目标攻击和近距格斗空战能力

外军第四代战斗机通过换（加）装具备发射后不管能力的中、远距主动雷达制导空对空导弹（美国 AIM-120、俄罗斯 R-77、英国"流星"、法国"米卡"等）来提高超视距多目标攻击能力，并通过换（加）装红外成像、带推力矢量、可大离轴角攻击的抗干扰、高机动性近距格斗导弹（美国 AIM-9X、英国 ASRAAM 先进近距空对空导弹、以色列"怪蛇"IV 等）以及与之配合使用的头盔显示／瞄准系统来提高近距格斗空战能力。

● **大大提高中、远距或防区外对地、对海精确打击能力**

外军第四代战斗机正通过加装各类精导武器特别是 GPS 制导的防区外精导攻击武器，提高其全天候全天时对地对海中远距精确打击能力，从而扩展其多用途性。目前，外军四代机均可使用多种防区外精导对地对海攻击武器，主要包括 JDAM 系列制导炸弹、AGM-154 制导炸弹、AGM-158 防区外空地导弹、AGM-84 反舰导弹、AGM-84H "增敏型斯拉姆" 防区外空地导弹、"金牛座" 防区外空地导弹、"阿斯姆普" 中距空对地导弹、"阿帕奇" 防区外武器布撒器和 "斯卡尔普" EG 通用型远距空射巡航导弹等武器。

● **不断改进自卫电子对抗能力**

有效的电子警戒和干扰设备是现代战斗机不可或缺的关键设备，外军第四代战斗机一直在不断升级机载电子战自卫系统。目前，外军第四代战斗机的电子战改装项目主要包括换装增强型电子干扰设备，增加箔条 / 曳光弹可投放数量，用光纤拖曳式诱饵取代 AN/ALE-50 电缆拖曳式诱饵，可与火控雷达协同使用的新一代数字式雷达告警接收机，加挂反辐射导弹及其瞄准系统吊舱，全自动化的内置的综合自防御电子战系统。

● **局部改装提高雷达隐身能力**

为提高隐身能力，美国空军部分 F-16C/D 战斗机主要采取了座舱盖内壁镀（金）膜措施，以缩减前向雷达散射截面（RCS）。与 F/A-18C/D 相比，F/A-18E/F 引入了降低 RCS 的设计，如尽量将机身外表面设计成倾斜的平面，采用锯齿形边缘的舱门和口盖，提高机体部件的装配精度以保证表面的连续性，在口盖边缘使用具有导电性的密封材料，局部采用吸波涂层等。波音公司从 2008 年 9 月开始研究 F-15E 的重大改进型 F-15SE "沉默鹰"，其目的是在美国禁止出口 F-22 战斗机的背景下，为国外 F-15E 系列的用户提供一种后继机选择，同时希望能获得美国空军的订货。2009 年 3 月首次展示了概念原型机。波音公司计划在 2010 年利用 F-15E 对计划的各项改进进行试飞。为使 F-15SE 具备一定的低可观测性能，波音公司拟将保形油箱改为内埋弹舱，还计划为该机改用外倾 15° 的双垂尾。此外，波音公司还专门针对国际市场研制了 F/A-18E/F "沉默大黄蜂"，该机采用隐身弹舱。

第二节 轰炸机

远程轰炸机是军事大国实力的重要象征，是三位一体核威慑力量的重要组成部分，具有灵活机动、持续高效和可重复使用等优点，可对敌方重要政治、军事、经济目标实施战略轰炸，遂行远程突击及战场支援而摧毁、破坏敌方重要战场目标。目前，世界上只有美、俄两国拥有远程轰炸机。研制、生产和使用远程轰炸机所需费用十分高昂，相对其他作战机种而言装备数量相对很少。冷战时期，美、俄远程轰炸机主要担负核威慑任务，冷战结束后，则根据局部战争需要转向了核与常规（战略）打击能力兼备（B-52H 和 B-2），或由原来主要担负核威慑使命转型为仅执行常规打击任务（B-1B）。20 世纪 90 年代以来的多场局部战争或武装冲突表明，远程轰炸机在缩短战争进程和最终赢得战争上发挥了重要作用。美国一直持续对其 B-52、B-1B 和 B-2 进行升级改造，估计这三型远程轰炸机还将服役三、四十年。

图 7-7 B-52H 远程轰炸机

图 7-8 B-1B 远程轰炸机

图 7-9 B-2 隐身远程轰炸机

美国远程轰炸机升级改造的重点如下：

● 提高网络中心作战能力

目前，B-52H 正在实施作战网络通信技术（CONECT）多年升级计划，它将改善该型轰炸机与美国空军其他通信网络和平台的连通性，B-52H 因此将能在飞行中接收任务数据并使使武器重新瞄准目标。CONECT 升级计划将使 B-52 的通信系统向前跃进一大步。波音公司于 2005 年 4 月从美国空军获得 CONECT 计划实施合同，旨在使 B-52H 飞机具有网络中心作战能力。根据该计划，B-52H 的计算机体系结构将得到更新，同时加装彩色显示器、Link 16 数据链终端及先进的宽带卫星通信终端。完成 CONECT 升级后的 B-52H 可与其他飞机和地面指挥中心之间实现信息共享，提高自身的态势感知能力；同时可在飞行过程中动态地接收重新分配的作战任务。而美国空军全球打击司令部还希望重点为 B-52H 和 B-2 并行开发新的指挥和控制设备，这样可使现役远程轰炸机的通信系统均衡发展，并有助于这两型极为不同的远程轰炸机共享信息，其范围从战术瞄准吊舱数据到执行核任务时的保密通信。2011 年 9 月，美国空军公布了一项价值 119 亿美元、为期 8 年的 B-52H 现代化合同。这项合同包括委托波音公司为 B-52H 开发演进型数据链（EDL）和极高频通信设备，以及实施其他延长该机寿命的项目。

● 升级航电设备和软件以及改善隐身能力

　　B-52 和 B-2 将换装或改进机载雷达，这将改善其对地对空监视能力并辅助识别远程目标。美国空军计划于 2013 年开始为 B-52H 换装雷达，新雷达能辅助其进行低空突防并降低维护成本，该轰炸机现装备的 APQ-166 雷达正面临日益严重的过时淘汰问题。为扩展携带的武器种类，B-52H 远程轰炸机的炸弹舱将换装 1760 数据总线。目前，B-2 远程轰炸机也在进行大规模的现代化。美国空军战略司令部称，B-2 现配备的是 20 世纪 80 年代的网络硬、软件，需要换装新的"数字化骨骨干"。1971 年，B-52H 开始了第一次改进，包括在机头下方加装光电探测系统，提高了低空突防能力。1993 年 6 月，波音公司开始对 47 架 B-52H 开始新的改进，包括对武器控制系统进行改进，加装全球定位系统。1999 年秋，美国空军提出 B-52H 航电设备中期寿命升级（AMI）计划，合同总金额 2.6 亿美元。首次飞行测试于 2002 年 12 月中旬进行，首架完成 AMI 升级的 B-52H 于 2005 年交付使用，到 2008 年全部 B-52H 已改装完毕。该计划为 B-52H 换装了 SNU-84 惯性导航系统、基于开放式系统结构的新型任务计算机及数据传输系统，并对软件进行了相应的升级，还为今后加装 Link 16 数据链终端提供了基础。在 2003 年的伊拉克战争中，B-52H 还首次加装了"闪电" II 瞄准 / 侦察吊舱，并经受了实战考验。从 2007 年起，美国空军开始为现役全部 B-52H 飞机集成该吊舱。此外,美国空军还计划为该机集成"狙击手"瞄准 / 侦察吊舱。

冷战结束后,美国空军开始对 B-1B 实施多阶段"常规任务能力升级计划"(CMUP)以增强该机作为常规武器投放平台时的作战效能,其中包括:1995 年完成的"B 批次"(Block B 升级)升级(此前的 B-1B 标准生产型均被定为"A 批次"),对 B-1B 的合成孔径雷达作了改进,并部分升级了自防御电子战系统;2001 年 6 月完成的"D 批次"升级,为 B-1B 换装了新的防御、通信和导航系统(包括全球定位系统),并加装了 AN/ALE-50 拖曳式诱饵系统。除以上批次改进计划外,美国空军还对 B-1B 进行了其他一些升级改进工作,重点是提高作战能力和可靠性。为此,美国空军并从 2004 年初开始实施"威胁态势感知系统"(TSAS)升级计划,为该机换装了罗克韦尔·柯林斯公司的 127mm × 178mm 多功能全彩色有源矩阵液晶显示器,从 2005 年起又开始加装 Link 16 数据链,经 TSAS 计划升级后的 B-1B 能够在飞行中进行任务规划。2006 年,波音公司又获得一份总金额 1.8 亿美元的合同,开始了为期 9 年的"可靠性和维修性提升计划"(RMIP),旨在对全部 67 架 B-1B 飞机的 AN/APQ-164 雷达进行改进,换装新的雷达发射机、接收机、处理机和软件包(主要由诺斯罗普·格鲁曼公司提供),以提高其可靠性,解决元器件过时淘汰问题。改进工作将从 2011 年开始,计划在 2014 年全部结束。最新进行的改进还有加挂"狙击手"瞄准 / 侦察吊舱,已于 2008 年夏季正式投入使用,使 B-1B 飞机能够更好地执行近距空中支援等战术任务。

B-2 远程轰炸机是按 3 种不同批次配置交付的:第 20 批次(第 17 ~ 19 架)在第 10 批次(第 2 ~ 16 架)的基础上增加了部分地形跟随能力和 GPS 辅助瞄准系统(GATS),1996 年至 1997 年,第 12~16 架开始按此标准完成改装;第 30 批次(第 20 ~ 21 架)为标准配置,具备全部的低可观测性能、全套的进攻和防御电子设备、更复杂的任务规划系统,并装有卫星通信系统。1997 年 5 月，美国空军投资 4.93 亿美元开始对 B-2 进行改装，将前 19 架飞机的电子设备升级为第 30 批次的标准配置，改装工作已于 2000 年 6 月完成（还包括更换起落架、改进飞机的结构、燃油系统以及武器舱门等）。2000 年之后，美国空军启动了一系列 B-2 现代化升级改进项目，其中包括：换装新型隐身涂层材料、加装 Link-16 数据链终端和极高频卫星通信设备、改装有源相控阵雷达等。其中，更换隐身涂料的主要目的是提高其保障性。新型的高频隐身涂层可利用 4 个独立的机器人来完成喷涂工作，在保证飞机低可观测性能不被削弱的前提下大幅度缩短了飞机的维护时间。2004 年 8 月下旬，首架采用新涂层材料的 B-2 重新交付美国空军，全部 B-2 的隐身涂层更新工作预计于 2011 年完成。2002 年，诺斯罗普·格鲁曼公司开始实施 B-2 极高频卫星通信系统项目，旨在通过改进该机的航电系统结构和换装新的超视线通信系统，提高该机的态势感知和互联互通能力。B-2 还改装了新型有源相控阵雷达，其目的主要是解决现有雷达工作频率与商业卫星在 Ku 波段存在潜在冲突的问题，2002 年美国空军启动 B-2 雷达现代化项目，2004 年 9 月授予诺斯罗普·格鲁曼公司和雷神公司总金额 3.88 亿美元的合同，开发新型有源相控阵雷达以替换现有的 APQ-181 雷达。2009 年 3 月，首架换装了新型雷达的 B-2 重新交付美国空军，全部 B-2 的雷达换装工作预计于 2011 年完成。

● 加装多种常规精导对地对海攻击武器

为满足冷战后局部战争中不断增加的各类常规打击任务，以及随着临空地毯式轰炸逐步让位于精导对地攻击，美国 B-52H、B-B 和 B-2 远程轰炸机不断加装各种（防区外）精导攻击武器。目前，美国现役三型轰炸机均能执行防区外纵深打击和持久近距空中支援等多种常规精导攻击任务，其常规作战能力已大大提高。除 AGM-69 近距攻击导弹（SRAM）、AGM-129 先进巡航导弹（ACM）以及 B-53/-61Mod11/-83 核炸弹等核导弹或核炸弹外，1993 年 6 月波音公司开始对 47 架 B-52H 开始新的改进，改进后的该机可挂 16 枚 AGM-84 反舰导弹或 6 枚 AGM-142A 空对地导弹，或 12 枚 GBU-31 联合直攻击弹药（JDAM）制导炸弹，常规作战能力大大提高。从 2002 年 5 月起，B-52H 开始实施"下一代灵巧武器综合"计划，为其装备"微型空射诱饵"（MALD）、WCMD 制导子母弹及其增程型 WCMD-ER、GBU-39 制导炸弹、AGM-158 防区外空地导弹以及"助推段拦截弹"（BPI）等先进武器。根据波音公司于 2006 年 6 月从美国空军获得的合同，为 B-52H 集成上述武器的工作将在 2020 年之前完成。除可挂载 AGM-86B 空射常规巡航导弹外，B-52H 还能投掷尾部装有传感器包的 MK-62"快速打击"水雷。

冷战结束后，B-1B 轰炸机改为仅执行常规打击任务。1997 年 8 月完成"C 批次"升级后，B-1B 增加了子母炸弹投放能力；2001 年 6 月完成的"D 批次"升级，使 B-1B 具备了携带 JDAM 制导炸弹的能力；2006 年 9 月完成的"E 批次"升级，为 B-1B 增加了携带 AGM-154、WCMD 和 AGM-158 等空对地导弹的能力。1999 年，B-1B 参加"联盟力量"作战行动（科索沃战争）时首次使用了 AGM-86 空射常规巡航导弹。除可投掷尾部装有传感器包的 MK-62"快速打击"水雷之外，1 架 B-1B 还于近期成功地利用激光制导的 JDAM 攻击了海上移动目标。参与试验的 B-1B 利用其"狙击手"瞄准吊舱将激光束引向目标，而 JDAM 制导炸弹则利用反射出的激光束对移动舰艇进行跟踪打击。

在 B-2 远程隐身轰炸机按 3 种不同批次配置交付的飞机中，第 10 批次除可携带 16 枚 B83 核弹外，只具备投掷 900kgMk84 炸弹的初步作战能力；第 20 批次具备有限的 AGM-137 隐身空对地导弹发射能力，1996 年至 1997 年，第 12 ~ 16 架开始按此标准完成改装；第 30 批次为标准配置，具备完整的精确制导武器的投放能力并增加了载弹量。1997 年 5 月，前 19 架飞机均升级为标准的武器配置，改装工作已经于 2000 年 6 月完成。值得关注的是，2011 年 9 月美国空军 B-2 机队（第 509 轰炸机联队）所在的基地——位于密苏里州的怀特曼空军基地接收了首批诺斯罗普·格鲁曼公司研制的 GBU-57 巨型攻坚弹（Massive Ordnance Penetrator，MOP），该弹现在已达到了作战就绪状态，可由 B-2 的内埋弹舱携带用于作战。第 509 联队指挥官范德哈姆准将表示，GBU-57 设计用来对付诸如坚固的花岗岩和抗压能力达到 1.39×10^8 Pa 的混凝土等高密度材料，能够摧毁坚固及深埋目标。范德哈姆说，从作战效果来看，GBU-57 填补了常规弹药与核武器之间的空白——在过去，"你不得不使用下限当量的核武器"来攻击这类目标，"但有了 GBU-57，你就不必这么做了"。他还确认，尽管 B-52H 轰炸机也曾搭载 GBU-57 进行试飞，但只有 B-2 才会在作战行动中使用它。该弹在试验中产生了"某种巨大的效果"。它与 B-2 飞机的组合，为美国空军提供了对付世界上最难对付的硬目标的能力。GBU-57 的口径达 13.6 吨级。该弹的壳体重约 9.1t，尾部组件重约 1.1t，战斗部内的高爆炸药重约 3.4t。该弹是美国空军和美国国防部国防威胁降低局为了满足美国中央司令部的一项紧急作战需求而研制的。2008 年 2 月，美国空军还启动了一项新的武器升级计划，旨在提高 B-2 利用精确制导武器打击移动目标能力，该计划牵涉到对雷达工作方式、座舱显示与控制设备进行升级改造等工作。

第三节　军用运输机

军用运输机是现代军队至关重要的运输工具，与地、海面运输工具相比，具有不受地形限制而可快速抵达目的地的优点，是军队实施快速反应的重要保障装备。军用运输机分为战略/战术（大型军用）运输机和战术运输机，目前国外有能力研制大型军用运输机的只有美、俄两国，欧洲正在研制的 A400M 大型战术运输机的飞行性能和有效载重能力不及美国 C-17 大型军用运输机，美制 C-130 则是目前世界上装备国家或地区及数量最多的战术运输机。

图 7-10 C-5 战略运输机

图 7-11 C-17 战略战术运输机

◀ 图 7-12 伊尔 -76 大型运输机

◀ 图 7-13 C-130H 战术运输机

◀ 图 7-14 C-130J 战术运输机

国外军用运输机升级改造重点如下：

● 提高全天候安全使用能力、提高执行任务率、空运能力以及降低使用费用

按目前的计划，美国空军现役 C-5B 战略运输机都将改进为 C-5M，其改进项目包括提高可靠性增强和"发动机更换项目"（RERP）。可靠性增强计划和 RERP 计划从 2001 年开始正式实施，其中 RERP 计划是用推力增大 22% 的 CF6-80C2 涡扇发动机取代原来的 TF39-GE-1C 涡扇发动机，2004 年开始机队改装工作。2006 年 5 月 16 日首架 C-5M 飞机公开展示，

同年 6 月 19 日首飞。C-17 大型军用运输机自服役以来不断改进，有的升级项目正在进行，有的还在计划之中。这些改进项目包括：安全保密的航路通信软件包升级项目（SECOMP-I，计划 2009—2010 年投入使用）；战斗照明系统（计划 2012—2013 年投入使用）；新型编队飞行系统（计划 2010—2011 年投入使用）；液氧瓶加装装甲（计划 2016—2017 年投入使用）等。此外，美国空军还开展了该机的性能数据收集分析工作，目的是提高该机从未铺筑跑道起降的能力，这项工作已在 2005—2006 年完成。2005 年 7 月，美国空军为 C-17 首批订购了 56 套用于对抗红外制导防空导弹的大型飞机红外对抗系统（LAIRCM），而英国的 C-17 也将加装该系统，以对付严重的红外制导便携式地空导弹威胁。美国空军还在研究为 C-5M 战略运输机换发。与早期的 C-130 系列飞机相比，C-130J 重点提高了经济性、使用灵活性和升级潜力。该机的总体布局未变，但换装了新的发动机、螺旋桨、机电系统/设备和航电系统，显著简化了结构和组成，提高了性能和可靠性，减少了机组人员，主要维护性指标设计值提高 50%，使 1 个装备有 16 架飞机的中队对人力的需求减少 38%。与 C-130H 相比，全机组成的改动量达到约 70%。

● 实施航空电子系统现代化

在美国空军 C-5M 战略运输机改进计划中，首先是实施航空电子系统的现代化计划（AMP），包括纳入全球空中交通管理、加装相应的导航和安全设备、现代化数字设备和全天候飞行控制系统。2001 年开始实施 AMP 项目，2004 年开始机队改装工作，主要改善了航电系统和驾驶舱布局，提高了可靠性并能够满足全球空中交通管制要求。

近年来，美国空军牵头发起的最主要的 C-130 改进项目是"航电现代化计划"（AMP），并于 2001 年 1 月授予波音公司总金额 40 亿美元的合同，对 519 架 C-130E/H 实施 AMP 计划，旨在满足全球空管要求和提高驾驶舱工作效率。主要升级改造的内容包括：实现通用驾驶舱接口，加、换装全天候飞控系统、飞行管理系统、任务处理系统、气象雷达、通信设备、防撞系统、惯性导航、大气数据计算机和平视显示器等。2004 年 5 月，美国海军和海军陆战队也与波音公司签署了 54 架 C–130 的 AMP 合同，此后沙特阿拉伯等国也先后签署 AMP 合同。AMP 项目打算通过满足导航和安全要求，对座舱系统进行改进以及替换因制造资源逐渐消失而不再可保障的许多系统，来确保 C–130 的全球到达和部署能力。AMP 只是波音公司提出的"全寿命延长"（TLE）方案的一部分，除 AMP 外，TLE 计划还涉及对机电系统 / 设备的全面升级。包括 AMP 在内，按 TLE 方案对一架 C–130 进行升级改进的费用为 2000 万美元。

图 7-15 C–130E/H 新的驾驶舱布局

第四节 预警指挥机

　　预警指挥机是现代战争的"千里眼、顺风耳"，是作战飞机对敌空中目标实施先发制人攻击的重要保障力量。在 20 世纪 90 年代以来的历次局部战争中，预警指挥机对取得空战胜利均起了至关重要的作用。根据局部战争的经验教训，目前世界上越来越多的国家甚至中小国家均装备了预警指挥机。经过不断的升级改造，国外预警指挥机已能执行预警指挥、作战空间管理、战区航空和导弹防御、信息服务等多种任务，并逐渐成为网络中心站的关键节点。

图 7-16 E-3 预警指挥机

图 7-17 E-2D "先进鹰眼" 预警指挥机

目前,主要是美国对其 E-2 系列预警指挥机进行升级改造,其重点如下:

● 不断升级改造或换装预警雷达

为同时拥有探测陆地和海洋上空的目标的能力,以及提高探测小型隐身目标、巡航导弹和弹道导弹的能力,E-2 系列预警指挥机一直在不断地升级改造预警雷达。

美国海军在 E-2C "鹰眼" 2000 基础上最新大改而成的 E-2D "先进鹰眼" 舰载预警指挥机,则换装有源相控阵预警雷达天线,但同时还保留了旋转雷达天线罩,因而大大提高了作战空间态势感知能力,特别是在近海地区的感知能力和探测低空巡航导弹等小雷达散射截面(RCS)目标的能力。E-2D 的洛克希德·马丁公司 AN/APY-9 机械/电扫描预警雷达系统。该雷达工作在 UHF(超高频)波段,采用 L-3 通信公司研制的 ADS-18 天线

（"ADS"表示"先进探测系统"），重约998kg，可通过随天线罩一起旋转实现全向覆盖,同时也可专门针对重点目标所在的扇区采用二维电扫描（方位覆盖预计为120°），以增大探测距离和提高对高威胁目标的数据刷新率。该雷达系统的其他特点包括：采用诺斯罗普·格鲁曼公司基于碳化硅的固态发射链，其中包括多个功率放大器，显著提高了输出功率，同时提高了可靠性；采用雷神公司的低噪声数字式接收机，灵敏度比AN/APS-145有很大的提高；采用空—时自适应处理技术（STAP），可在陆地杂波环境下探测低空飞行的巡航导弹。该雷达的探测距离比E-2C增大50%，探测体积增大250%，对战斗机目标的探测距离可达400km。

● **使其成为网络中心战关键节点**

按照美军海军的设想，E-2D预警指挥机将成为网络中心战的关键节点，加入互联网通信协议并可从无人机获取信息，将提高空中特别是近海地区的目标探测和态势感知能力,支持战区防空和导弹防御作战并提高作战可用性。E-2D进入服役之后，将不仅与海军系统相互连接，还将和空军的E-3预警指挥机、E-8对地监视飞机和侦察卫星建立紧密的网络，从而让整个战场情报信息能互通有无。

● **大大提高任务系统性能**

与E-2C-2000的任务系统相比，E-2D的主要变化包括：换装雷神公司的改进型任务计算机和任务操作员工作站；采用光纤通道—航空电子环境（FC-AE）互连标准建立交换式局域网，同时也采用美军标1553B数据总线等建立互连；用嵌入式多功能通信天线取代了圆锥台形卫星通信天线，减重约9.1kg，同时降低了阻力；换装AN/USG-3A"协同交战能力"（CEC）系统，该系统是E-2C-2000所采用的AN/USG-3(V)系统的改进型；加装1台意大利塞莱克斯通信公司的SRT-470/L高频保密通信电台；装有6台罗克韦尔·柯林斯公司的AN/ARC-210(V)甚高频/超高频电台和2台超高频电台；换装"多功能信息分发系统"小容量终端（MIDS LVT），可支持

Link 16 数据链；换装"先进机内通信系统"（AICS），其语音信息可通过机上光纤局域网传递；换装新型预警雷达系统；加装红外搜索与跟踪系统；换装 BAE 系统公司的 AN/APX-122 敌我识别询问机，采用电扫描天线；换装全玻璃化战术驾驶舱等。

E-2D 的任务计算机具有更强的多传感器综合和融合处理能力，在形成初始作战能力时，机上的任务软件的规模预计将比 E-2C-2000 增加 200 万行源代码。机上任务系统的主要组成及其基本情况如下：

➤ 飞行/导航设备。加装了飞行管理系统和诺斯罗普·格鲁曼公司的"综合导航/控制/显示系统"（INCDS）。其中 INCDS 用于驾驶舱，包括 3 台 432mm（17in）的战术多功能彩色显示器，既能显示飞行、导航和机上系统数据，也能显示战术信息。驾驶员或副驾驶员均可使用战术显示器，可减轻其他机组人员的任务负荷，并可看到任务操作员正在观察的图像。INCDS 还包括 2 个控制板，用于管理全部的战术显示器、2 台备份飞行显示器、2 台航电设备管理计算机、2 套嵌入式惯性导航/全球定位系统、1 台飞行数据加载设备、美军标 1553B 通信/导航系统数据总线以及 ARINC 429 数据总线等。

➤ 电子支援系统。配装洛克希德·马丁公司的 AN/ALQ-217A 系统，是 E-2C-2000 飞机上 AN/ALQ-217 系统的改进型。

➤ 任务操作员工作站。驾驶舱之后的 3 名任务操作员使用相同规格的工作站，由雷神公司提供。每个工作站均配有 1 台对角线长度为 533mm（21in）的商用现货彩色有源矩阵液晶显示器，水平视场为 ±75°，垂直视场为 ±30°。输入设备包括主键盘、小键盘和跟踪球，均通过 USB 接口与工作站连接。

第五节　电子战飞机

在现代战争中，电子战飞机是"力量倍增器"。目前，世界上有能力研制并大量装备先进的专用电子战飞机的国家只有美国。另外，电子战飞机属于国家高度机密，美国严格限制出口该种飞机。

图7-18　EA-18G电子战飞机

美国电子战飞机升级改造的重点如下：

● 平台改由双座战斗／攻击机进行改装

现代航空电子设备在轻、小型化的同时功能更多更强大，而耗电有所降低以及自动化程度的大幅度提高，为改用双座战斗／攻击机作为专用电子战飞机的平台提供了可能。美国海军采用了第2批次F/A-18F"超级大黄蜂"双座舰载战斗／攻击机作为EA-18G新一代电子战飞机的平台，而现役EA-6B舰载电子战飞机则总共有4名机组成员。使用战斗／攻击机改型研制电子战飞机的主要好处是，除可实施远距或防区外干扰外，因其速度与战术作战飞机相同而可进行随队干扰。EA-18G与第2批次F/A-18F的通用程度超过90%，其中结构零部件有99%通用；飞行性能和作战能力也与F/A-18F基本相同或相当，着舰载重提高了1820kg。与EA-6B ICAP-3相比，该机的主要优势是：飞行速度更快、高度更高，可跟上战斗机的速度，有利于提供护航干扰和扩大干扰覆盖，飞行包线覆盖了AN/ALQ-99(V)电子干扰吊舱设计使用包线的绝大部分，能更好地发挥该吊舱的能力；具有全面的空战和对地攻击能力，任务灵活性更好；与舰载机联队中的F/A-18F具有很高的通用性，简化了后勤保障，节省了改装训练所需的时间和费用；可靠性维护性保障性提高，使用成本显著降低，每飞行小时只需要49个维护工时（EA-6B 需要 60 个），每飞行小时的成本预计为 7400 美元（EA-6B 为 17000 美元）。

与 F/A-18F 相比，EA-18G 的机体所作的更改包括，翼尖装有 AN/ALQ-218(V) 电子战接收机的吊舱，机体其他一些位置也增设了天线。为了给翼尖吊舱提供良好的工作环境，该机先于 F/A-18E/F 引入了美国海军在 F/A-18E/F "跨声速飞行品质提升"（TFQI）计划中发展的气动改进措施，与尚未实施改进的 F/A-18F 产生了如下区别：重新设计了前缘锯齿，并在锯齿与内段机翼前缘之间增加了圆滑的过渡；每侧机翼的上表面有 1 个长 1.5m、高 0.125m 的翼刀；用坚固的机翼折叠铰链整流罩取代了 F/A-18E/F 的多孔整流罩；在副翼铰链线前方加装了 2 个倾斜的条带，组成了一个高约 9.5mm 的三角形。这些改进解决了 F/A-18F 的机翼跨声速抖振和副翼在进行高过载机动飞行时产生嗡鸣的问题。此外，该机还用装有任务设备的机箱，取代了 F/A-18F 的航炮舱。

● 换装改进的任务系统

在形成初始作战能力时，EA-18G 的任务系统是以 EA-6B ICAP-3 的系统为基础改进而成的，主要包括：

➢ 通信系统。装有"多任务先进战术终端"（MATT）和 ITT 公司的"干扰对消系统"（INCANS），MATT 具有卫星通信和访问"综合广播服务"（IBS）的能力，其天线位于机背后部；INCANS 采用有源对消技术消除 AN/ALQ-99(V) 吊舱实施干扰时发散到通信天线周围的干扰能量，实现边干扰边通信（超高频波段）。

➢ AN/ALQ-218(V)2 电子战接收机。由诺斯罗普·格鲁曼公司研制，与 EA-6B ICAP-3 的 AN/ALQ-218(V)1 接收机有 70% ~ 75% 的通用性。在翼尖安装有天线阵列吊舱，在前机身两侧和机翼后缘内侧布置了干涉仪天线，处理设备安装在前机身内原 F/A-18F 的航炮舱内。每个翼尖吊舱的尺寸约为 3.1m×0.3m，内有 28 个天线单元，并装有 4 个小的三角形翼面。

接收机包括相互独立的主接收机组和辅助接收机组，其中主接收机组采用 4 个信道化接收机和 4 个提示接收机串联工作，可提供快速截获和刷新、测量、测向和地理定位能力。辅接收机组可扩大频率覆盖，使主接收机组不必进行长驻留时间测量，并辅助主接收机组识别脉间调制脉冲信号、刷新地理定位中的距离估计等。

> 该接收机在处理上采用了诺斯罗普·格鲁曼公司拥有专利的无源测距算法，并利用机上一体化的短、中、长基线干涉仪进行测向和定位。该接收机还与机上其他任务系统／设备进行了集成设计，集成后实现的主要功能包括：为有源干扰机和机上任务传感器（AN/APG-79 雷达及外挂吊舱等）提供指示；与干扰吊舱等辐射源分时工作的"接收机间断探测"工作方式，在干扰吊舱工作时关闭，在干扰吊舱停止辐射时工作，可在干扰实施过程中保持无源探测能力；为 AGM-88 导弹提供瞄准等。EA-18G 比 F/A-18F 多出约 300 条电缆，其中一部分需穿过机翼折叠处连接到翼尖吊舱，对这部分电缆也采取了铰接设计。

> AN/ALQ-99F(V) 干扰吊舱。由 ITT 公司研制，但激励器单元和发射机由雷神公司提供。频率覆盖为 64MHz ～ 18GHz，2003 年时在 EA-6B ICAP-3 上只能覆盖 9 个波段，2009 年时（即在 EA-18G 形成初始作战能力时）已能覆盖 10 个波段。每个吊舱利用头部的空气冲压涡轮（RAT）独立产生电力，最大发电能力为 27kW。吊舱的其他组成部分还包括 1 个"升级型通用激励器"（UEU）、2 个发射机和 2 个方向可调高增益发射天线等。当飞机飞行速度达到 185km/h（修正表速，下同）时，RAT 开始工作；达到 356km/h 时，每个吊舱的 RAT 可为 1 个发射阵列提供足够的发射功率；达到 407km/h 时，可为 2 个阵列都提供足够的功率。UEU 从干扰系统的计算机接收威胁参数等数据，通过调制 1 个射频振荡器产生适当的信号，经放大后传输到适当的发射机，每个发射机与 1 个高增益发射天线相连。发射机在辐射模式下的最大功率为 8.0kW（功率因数 0.85）。

➢ AN/ALQ-227(V)1 "通信对抗系统"（CCS）。由雷神公司研制，该公司在 EA-18G CCS 的研制竞争中击败了罗克韦尔·柯林斯公司和英国 BAE 系统公司。该系统的处理单元也安装在前机身内原 F/A-18F 的航炮舱内，刀形天线布置在座舱后部的机背上，发射部分直接使用 AN/ALQ-99F(V) 的低波段干扰吊舱。该系统具有 EA-6B ICAP-3 上 AN/USQ-113(V)3 通信干扰系统的全部能力，但频率覆盖更宽，干扰能力更强，并可能能够压制后者不能对付的通信系统。

除了与进攻性电子战有关的部分外，EA-18G 的其他任务系统／设备与第 2 批次的 F/A-18F 完全相同。

● 批次升级机载任务系统

目前，EA-18G 采用 EA-6B 上的"增强能力 III"电子战设备，拥有电子攻击和压制敌防空系统能力。按照目前的计划，EA-18G 将按不同的批次逐步升级。在第 1 批次的基础上，第 2、3 批次的 EA-18G 将达到全部功能，包括将机载有源相控阵雷达（APG-79）固有的干扰能力与第 1 批次的"软杀伤"电子攻击包相结合，并引进新的防御分系统设备和新武器（如联合防区外空对地武器），并可能采用软件驱动的联合战术无线电系统。

● 换装下一代干扰机（NGJ）

美国海军从 2002 年开始对 NGJ 进行探索，拟用其装备 EA-18G 和 F-35，取代 AN/ALQ-99F(V)，但一直停留在讨论阶段。2008 年美国国防部获得了保密的威胁通报，当时的国防部副部长英格兰命令美国海军立刻着手 NGJ 的研究工作，美国海军遂于 2008 年 9 月底发布了 NGJ 项目第二阶段——技术孵化（TM）阶段的广泛机构公告（BAA），并取消了为 F-35 配装的要求，仅考虑 EA-18G。至 2009 年 2 月底，美国海军已授予雷神公司、诺斯罗普·格鲁曼公司、ITT 公司和 BAE 系统公司各一份为期 6 个月、总金额 500 万～ 600 万美元的 NGJ 方案设计合同。在该阶段完成时，又于 2009 年 8 月在美国政府的"联邦商机"（FBO）网站正式发布 TM 阶段招标书，投标截止时间为 2010 年 3 月 31 日。投标结束后，美国海军将授予中选企业 TM 阶段合同，并在 2011 年 1 月从成本等角度综合考虑，选择其中两三家企业进入第三阶段——技术开发阶段，对 NGJ 原型机进行竞争性演示验证，美国海军将通过为期 15 个月的分析工作来确定对这一阶段的具体要求，并希望在 2012 年年底之前能制造出完整的原型机。技术开发阶段的获胜厂商将是唯一的，将获得美国海军授予的工程研制合同。美国海军希望生产型 NGJ 可从 2018 年开始交付。

美国海军认为，孔径限制和缺少对精确定向干扰能力是 AN/ALQ-99F(V) 最明显的限制。通过改进 AN/ALQ-99F(V) 对抗未来威胁在技术上有困难，在成本效益上也不可接受。NGJ 将着重解决 AN/ALQ-99F(V) 的限制，计划采用光纤接口、有源相控阵干扰天线和宽禁带半导体器件（如碳化硅/氮化镓/高压砷化镓）等新技术。当 EA-18G 的飞行速度为 263km/h 时，该干扰机的发电功率有可能达到 60kW。美国海军已在尝试通过"小企业创新研究"（SBIR）计划，为 NGJ 研制低阻、高效的空气冲压涡轮和冷却系统等组成部件。

第六节 武装直升机

武装直升机是陆军和海军陆战队航空兵的最主要的航空武器装备，具有可以低空慢速飞行和悬停以及便于利用地形地物进行隐蔽等作战使用特点，主要用于摧毁地面装甲车辆这类地面机动、集群目标。

目前，国外武装直升机升级改造的典型代表是美国陆军的 AH-64D "阿帕奇"武装直升机。AH-64 "阿帕奇"是美国波音公司 20 世纪 70 年代中期研制的串列双座攻击直升机，原型直升机 YAH-64 于 1975 年 9 月首飞，最初的生产型 AH-64A "阿帕奇"于 1984 年 1 月开始交付美国陆军。美国陆军现役装备 501 架 AH-64D "长弓阿帕奇"，该直升机是在原有 AH-64A "阿帕奇"的基础上改进而成的。2011 年 11 月，波音公司向美国陆军

图 7-19 AH-64D "长弓阿帕奇" 武装直升机

交付首批 2 架最新升级改造而成的 AH-64D "阿帕奇" 批次 III 直升机，美国陆军共订购了 690 架该机。

AH-64 "阿帕奇" 武装直升机升级改造的重点如下：

● **综合采取多种措施提高飞行性能**

不断加装航电系统带来直升机重量和电力需求不断增加，因此 AH-64 "阿帕奇" 相应换装了功率更大的改进改型发动机。最初的生产型 AH-64A "阿帕奇"，配备功率为 1265kW 的 T700-GE-701 涡轴发动机；以 AH-64A "阿帕奇" 为基础，在桅顶加装诺斯罗普·格鲁曼公司的 AN/APG-78 "长弓" 毫米波雷达，并配备洛克希德·马丁公司采用射频导引头的 "地狱火" 导弹之后，升级改造而成的 AH-64D "长弓阿帕奇" 批次 I 换装了功率更高的 T700-GE-701C 改进型涡轴发动机和更大的发电机。1999 年，北约 "鹰" 特遣部队称，AH-64D "长弓阿帕奇" 存在明显的性能缺陷，不能够搭载全部武器载荷完成在阿尔巴尼亚山区的飞行任务。由于不断地加装新的传感器、武器和支援设备，AH-64D "长弓阿帕奇" 的升力和飞行速度受到了很大影响。因此，AH-64D "长弓阿帕奇" 批次 III 除换装具有明显减重效果的复合材料主旋翼桨叶和复合材料平尾外，还换装了功率进一步提高的 T700-GE-701D 改进型涡轴发动机，并相应地将主减速器的传动功率提高 20%（其额定传动功率达到 2530kW）。

● 提高空－地协同作战能力

在 AH-64D "长弓阿帕奇" 批次 I 的基础上，批次 II 直升机换装了更先进的航空电子设备，提高了数字化程度并升级通信系统，可向空中和地面部队保密传递数字化战场信息。美国陆军是于 2004 年 2 月正式启动 AH-64D "长弓阿帕奇" 批次 III 升级改造项目的，原计划通过波音公司的未来战斗系统（FCS）项目使 AH-64D "长弓阿帕奇" 成为战场网络的一个关键节点。但由于美国陆军后来取消了 FCS 项目，使这个网络中心能力升级项目失去了原来的意义。该项目现改为先在批次 III 上加装与无人机系统通信的天线，并在几年后加装 Link 16 数据链，从而使其能够与空军的飞机通信。

● 提高机组人员态势感知能力

从 AH-64A "阿帕奇" 升级改造到 AH-64D "长弓阿帕奇" 批次 I，该直升机在桅顶加装诺斯罗普·格鲁曼公司的 AN/APG-78 "长弓" 毫米波雷达。批次 III 直升机的航电系统将引入光纤通道—航电环境（FC-AE）互连标准并采用开放式系统结构，具有数据融合处理能力，可综合和融合本机传感器与外源的信息，以及配装改进型 "长弓" 雷达等。此外，批次 III 最终还将加装辅助决策系统、其 "长弓" 雷达增加海上工作方式、炮塔加装多模态激光传感器等。这些升级改造将大大改善机组人员的态势感知能力，从而提高 "阿帕奇" 全天候全天时精确对地打击能力和战场生存力等。

● 赋予对无人机的控制能力

在 2003 年美军第二次入侵伊拉克的行动的一次纵深突击行动中，一架 "阿帕奇" 在伊拉克农民和民兵的袭击中坠毁，而坠毁原因可能仅仅是因为被步枪子弹击中。在此之后，"阿帕奇" 直升机再也没有在敌占区后方单独执行过任务。为此，批次 III 的 AH-64D 将能对无人机系统进行控制，从而可控制无人机先行进入敌占区进行侦察。美国长弓股份有限公司（是洛克希德·马丁公司和诺斯罗普·格鲁曼公司的合资企业）已在一架 AH-64D "阿帕奇" 批次 III 平台上，完成了其研制的无人机系统战术通用数据链组件（UTA）对飞行中的无人机进行控制的试验。在飞行试验中，UTA 对一架 MQ-1C "灰鹰" 的任务载荷和航线进行了控制。这是 "阿帕奇" 直升机首次完成对无人机进行控制，是有人机—无人机联合编队技术的一个重大进展。测试项目验证了设计方案，并为 "阿帕奇" 机组成员提供了宝贵的操作经验。UTA 是双向式、大带宽数据链，能对无人机的传感器和航线进行控制。装备 UTA 的 "阿帕奇" 直升机可对无人机系统进行远距离控制，并接收其发送的实时高分辨率影像。UTA 将从 2012 年开始装配在批次 III 上。

第八章
电子信息系统升级改造

　　电子信息系统主要包括指挥控制装备、通信装备、雷达以及电子战装备等。国外电子信息系统的升级改造主要集中在改造和改进两方面，一是利用新的技术提升系统和装备的性能，扩展功能；二是通过批次化生产，提高和完善同型号后继装备的性能和功能。

第一节　指挥控制装备

　　国外指挥控制装备系统的发展广泛采用渐进式方式。其发展不是一步到位，而是通过多批次升级，最终向用户提交具有完全作战能力的系统。它的优点是能将成熟的、新的信息技术即时插入系统，并迅速将其转化为战斗力，适应作战需求的变化。它升级的目标主要是提高系统的态势感知实时性、加快决策规划和增强信息安全性能。

● 重点升级网络和软件，提高态势感知实时性

　　为了捕获瞬间即逝的目标，或对突发事件进行监控，近实时地获取战场态势是指挥控制系统的发展方向。对已服役的指挥控制系统而言，升级改造的重点是提高从传感器到指挥所的通信网络的传输速率和更新用户终端的软件，以提高态势感知的实时性。

　　21世纪部队旅及旅以下作战指挥系统（FBCB）是美国陆军旅及旅以下作战部队已装备16年的指挥控制系统。在伊拉克和阿富汗战争中，它对美军取得作战胜利发挥了重要的作用。该系统是美国陆军和海军陆战队的通用作战指挥控制系统，目前，美国陆军、海军陆战队和后勤保障部队已分别装

备10万、1万和1万台FBCB2用户终端。该系统将通信设备、传感器、车辆、直升机和武器集成在一个无缝的数字网中，能提供连续、清晰的通用作战图像。2011年前，大多数FBCB2系统采用称为蓝军跟踪系统（BFT）的卫星通信网进行通信，由于它的通信带宽不足，使其用户终端每隔数分钟才能更新一次信息，战场态势感知实时性较差。为了解决这个问题，2011年2月，美国陆军开始装备由诺斯罗普·格鲁曼公司研制的称为"联合能力版"（JCR）的FBC2系统。该系统用称为"蓝军跟踪系统2"（BFT2）的高速卫星通信网替代了原卫星通信网，使信息传输速度提高了10倍，并且用内嵌1类加密器的BFT 2收发机模块替换了用户终端（手持式加固电脑）中的BFT收发机模块，使这一用户终端的通用作战图像更新率缩短为10～15s，显著提高了态势感知的实时性和保密性。与此同时，它新增了商用联合绘图工具箱、空中下载自描述态势感知等软件，使其用户终端显示屏能用图标显示作战飞机、坦克、士兵的近实时位置，并能用不同的色彩区分机动中的敌方、友方和己方部队、车辆、作战飞机。同时，它采用的JV-5中央计算机嵌入了集成"选择可用反欺骗模块（SAASM）的GPS接收机，使其态势感知系统具有定位功能。此外。它还采用了可更改的数据库，从而允许用户在现场更改作战任务。该系统通过卫星通信网和软件的升级，以及GPS的嵌入，提高了对时敏目标的跟踪与精确定位能力，并能有效避免友军误伤。该系统

图8-1 空中下载自描述态势软件

的后续升级系统是 21 世纪部队旅及旅以下作战指挥系统——联合作战指挥平台（FBCB2 JBC-P）。通过软件升级，它将进一步增强态势感知能力。它允许用户用自定义的不同颜色和大小在通用作战图像上加亮显示友方作战部队，用向量图显示主要作战方向。它还可存储发送的信息，然后在收件人重新接入网络时，将其重发给他们。

图 8-2　FBCB2 用户终端

● 侧重改进服务器／客户机硬件、操作系统和应用软件，加快决策规划

为了实现高效快速指挥，加快决策也是指挥控制系统的发展方向。对于已服役的指挥控制系统而言，升级改造的主要对象是系统中的服务器／客户机和相关的决策规划软件。采用处理速度越来越高的计算机和决策规划功能越来越强的软件，决策周期越来越短。

联合全球指挥控制系统（GCCS-J）是支持美军多军种联合作战的指挥控制系统。从 1996 年至今，它已经过从 BLOCK1 到 BLOCK V 的多批次升级。为了加快决策规划，系统承包商对它的服务器、客户机及操作系统进行了多次升级，实现了信息处理能力的不断提升，支撑了决策规划应用软件的升级。它的服务器几乎每 2 年或 3 年就升级一次（见表 8-1）。1996 年，其服务器采用的 sparc 处理器的时钟频率仅为 40 ~ 180MHz，而 2005 年，其 SunFire 服务器已采用 4 个时钟频率为 1.2GHz、1.8GHz 的双核 Ultrasparc IV 和 Ultrasparc IV + 处理器，其单个处理器的处理能力提高了 10 多倍，而整个服务器的处理能力则提高了数十倍。为了支持不断升级的硬件的运行，服务器的操作系统也从 Solaris2.3 升级为 Solaris10。同样，其客户机经过升级也提高了信息处理能力，其操作系统已从 2001 年的

Windows2000 升级为 2007 年 WindowsXP，提升了经过网络的即时通信能力。由于服务器—客户机信息处理能力的提高使其 BLOCK IV 系统于 2001 年开始运行"协同式部队分析、支持运输系统"规划软件，将原来两年完成的战役规划缩短到了 6 个月。2008 年 3 月，国防部部长盖茨签署了自适应规划路线图 II（AP roadmap II）计划，打算将该系统现使用的联合作战规划实施系统软件（JOPES）升级为自适应规划执行系统（APEX）软件，使其 2 年完成的联合作战规划时间缩短至半年，甚至 1～3 个月，进一步加快决策规划。

表 8-1　联合全球指挥控制系统软硬件的升级

年代	服务器及其 CPU 和操作系统	客户机操作系统
1996	Sun Sparc1, 5, 20, E1000, Solaris2.3	
1999	Sunultra2, 5, 10, 60, 80, E6500, WindowsNT4.0, solaris2.3.1	
2001	SunFire280r, 420r, E450	Windows2000
2003	SunFire 880, 1280, Solaris2.5.1	
2005	SunFire240r, 440r, Solaris 8	
2007	Solaris 10,	WindowsXP

● 注重安全软件的升级，增强信息安全性能

指挥控制系统被誉为战斗力的"倍增器"，也是被敌方攻击的首要目标。随着网电攻击技术的不断发展，系统中涉及信息安全的软件需不断升级，才能确保其信息安全。

海军全球指挥控制系统（GCCS-M）是美国海军的战略和战区级指挥控制系统。目前，该系统已部署在美国海军 300 多艘舰艇、潜艇，以及 57 个岸上指挥所中。由于指挥控制系统是被攻击的重点对象，为了确保其信息安全性能，它用保密因特网协议路由网（SIPRNET）在海上和岸上指挥中心之间传输秘密信息（见图 8-3），并配置了相应的加密设备。为了向不同级别的指挥员提供不同级别的保密情报信息，它在国防信息基础设施通用操作

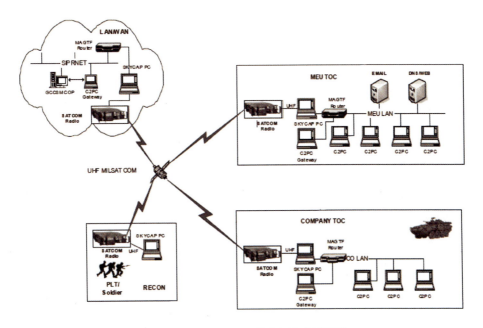

图 8-3 采用 SIPRNET 的 GCCS-M 配置图

环境中集成了多级安全软件 (MLS)。2010 年，它用于航母、指挥舰的部队级 (Force level) 系统升级为 GCCS-MV4.0.3.1。承包商对该系统的操作系统进行了升级，提高了信息保障态势感知性能，进一步增强了信息安全性能。2005 年，该系统基于 UNIX 的 GCCS-M 3x 操作系统升级为基于 Windows 的 GCCS-M 4x 操作系统。由于海军作战人员受过 Windows 培训时间远远超过受过 UNIX 的培训时间。这一升级大大减少了系统使用人员的培训费。

第二节 通信装备

　　军事通信装备的升级改造重点在于通过应用先进的协议或技术提高多网络无缝链接能力，扩大通信容量以应对不断增长的带宽需求，同时提高通信安全性以应对未来复杂的战场环境。

● 扩展连通性

　　未来作战要求军事通信装备必须具备多网络无缝链接能力，这是实现互联互通互操作的基础。因此，扩展通信装备的连通性成为通信装备升级改造的重点内容之一。

将 IPv4 协议升级为 IPv6 协议是实现国防信息基础设施（如美军的全球信息栅格）连通信性扩展的有效手段。由于 IPv4 协议已经很难满足全球信息栅格（GIG）将所有武器系统和人员连入网络的需求，2003 年 6 月，美国国防部提出了 GIG 全面由 IPv4 升级为 IPv6 协议的转型计划，IPv6 协议具有近乎无限的地址空间（2128 个 IP 地址）、并可支持地址自动配置，使得采用 IPv6 协议的 GIG 能与所有武器系统和人员自动连通，而不受任何限制。同时，采用 IPv6 协议的 GIG 还能提高连通时的通信质量，包括与移动设备连通，以及连通过程中不会丢失信息和出现不稳定的现象，根据美军的计划，GIG 向 IPv6 协议的升级工作将于 2012 年全部完成。

采用软件无线电技术实现战术电台的系列化与通用化是扩展连通性的有效手段之一。软件无线电采用开放式结构——软件通信结构，并采用模块化设计、可适合不同的硬件结构，具有适应容量增加、功能增加的可扩充性，并独立于下层软件；既能与传统的通信系统互通，又能通过升级来满足新要求。它的优点之一就是升级方便，维护方便。它通过软件就能实现升级（通过软件改变电台的带宽、调制方式、保密等级和波形）无需更换硬件，使电台的升级及维护极为方便。

美军 PRC-117 电台自 20 世纪 90 年代装备部队之后，已经发展出 PRC-117(C)、PRC-117A、PRC-117B/B(C)、PRC-117C、PRC-117D(C)、PRC-117D(E)、PRC-117E、PRC-117F、PRC-117F(C)、PRC-117G 以及 PRC-117G(C) 等多种型号，其中最新型的 PRC-117G(C) 频率范围 4 倍于 PRC-117F(C)，采用联合战术无线电系统（JTRS）软件通信体系结构 2.2 版，能够易于升级到 JTRS 各种宽带和窄带波形。2009 年美国陆军演习中，PRC-117G(C) 演示了利用 JTRS 宽带波形传输大容量话音、视频以及文本的能力。

单信道地空无线电系统（SINCGARS）是部署于美国陆军、海军陆战队的甚高频/调频单信道无线电，自 1990 年部署以来进行了历次升级并衍生出多个型号。2006 年，美国陆军要求 ITT 公司再次将 SINCGARS 升级为 SINCGARS ASIP-E。ASIP-E 采用软件无线电技术，提高了与战术互联网的互操作能力，允许士兵在通话的同时能够收发视频或其他数据，并且将电台的重量和尺寸降低了一半，电池寿命延长了 50%。

多功能信息分发系统低容量终端（MIDS-LVT）是一种用于美军 Link-16 数据链的通信设备，于 2001 年批量生产，安装在 F-18 战机上。美军采用软件无线电技术，将 MIDS-LVT 升级为多功能信息分发系统—联合战术无线电系统（MIDS-JTRS），增加了 3 个可编程信道，信道数达到 4 个。MIDS-JTRS 采用软件通信体系结构，能够通过软件升级加载新的网络通信能力，极大的提高了战机作战能力，如 MIDS-JTRS 可以加载战术目标瞄准网络（TTNT）这一先进的机载网络波形，在 185km 的距离上以 2Mbps 的速率传输信息，满足打击时敏目标需求。通过加载 TTNT 波形的 MIDS-JTRS，美军 F-22A "猛禽" 和 F/A-18E/F 飞机显著增强了时敏目标打击能力。MIDS-JTRS 同时还保留现有 Link 16 和战术空中导航系统功能，将所有安装 Link16 数据链的平台（包括飞机、舰艇以及车辆）进行联网，并将各类平台所探测到的目标一同显示到战机的多功能显示器，使飞行员能够实时获得友军、敌军以及目标的方位信息。

● 扩大通信容量

为应对未来作战不断增长的带宽需求，外军通信装备的升级改造重点之一就是提高通信装备的容量。美军国防信息系统网最初的传输速率只有 622Mbps，其通信容量和安全性都无法满足美军作战需求。为此，美国国防部实施全球信息栅格带宽扩展计划（GIG-BE）。GIG-BE 是国防部对其通信及数据共享网络升级的重要措施，它提供了一个网络 "冗余度"，可以确保用户进入一个可靠的、多路径网络。美国国防部于 2003 年批准了用于实施 GIG-BE 的 8.77 亿美元的采办策略，2004 年完成骨干网的升级并可以访问约 1/3 的节点，2005 年完成剩余节点建设。2004 年 9 月，国防信息系统局宣布 GIG-BE 计划在 6 个被联合参谋部批准的地点具备初始作战能力，2005 年 9 月在美国本土、太平洋以及欧洲的 92 个节点全面运转，提供 10Gbps 的数据传输量，而之前这 92 个节点通过租用国防信息系统网（DISN）传送数据，传输速率仅为 1.544Mbps。

GIG-BE 计划的完成，使得美国国防部建成一个遍布全球的、可支持所有保密级别的功能强大的光纤 IP 网，保证情报、指挥控制等信息高效、实时地传输和处理。

此外，美国陆军正在实施军事基地信息基础设施现代化项目，升级世界范围内的军事基地，以解决不断增长的话音、视频以及数据服务需求所带来的带宽问题。

位于德克萨斯州的胡德堡基地是美国最大的现役国内军事基地，占地 339 平方公里，可以容纳 15 万名士兵。2007 年，美国国防部实施该基地的网络升级计划，建造一个具有多路转换能力的光纤网络，升级话音、视频和数据网络通信能力，并确保与过去的网络能够兼容，提高安全性。

美国陆军位于德克萨斯州的比利斯军营完成高速数据网络升级。比利斯军营是美国陆军最大的训练和教学司令部，用于作战部队的训练、动员和部署。AT&T 公司将利用多协议标识转换（MPLS）技术和 IPv6 协议，将该军营的 200 多座建筑物链接起来，搭建一个 10Gb 以太网骨干网络。美国陆军驻德国斯图加特的军事基地也实施了网络升级计划，升级 Patch 兵营、Kelly 兵营以及 Panzer 兵营的话音和数据网络，同时还将为驻斯图加特的陆军机场建立一个基于 IP 话音的网络。

美军 TSC-154 保密移动抗干扰可靠终端（SMART-T）最初设计作为"军事星"、"舰队卫星"以及"特高频后继星"卫星通信系统的陆军车载卫星通信终端，安装在"悍马"车上，为战术用户提供保密、抗干扰、低截获率的卫星通信能力，数据传输速率包括低数据率（LDR）75 ~ 2400bps 与中数据率（MDR）4800 ~ 1.544Mbps。随着美军卫星通信系统的更新换代，为了更好的满足美军未来的"受保护通信"需求，与先进极高频（AEHF）卫星通信系统实现互操作，美军自 2007 年开始对 SMART-T 进行了升级，使之具备与 AEHF 卫星通信的能力，同时保持了后向兼容性，仍能够与"军事星"、"舰队卫星"以及"特高频后继星"卫星通信。SMART-T 终端还改进了自适应天线，提高了抗干扰能力，提高了通信速率，新增了扩展数据率（XDR），速度最高可达 8.192Mbps。

● 提高通信安全性

现代技术对信息侦收与截获和破译能力空前提高，军事通信装备所传输的各类信息无不在敌方的监视、侦收、窃听的威胁之中，因此，提高军事通信装备的安全保密能力是升级改造的另一项重点工作。美军 SINCGARS 电台为了满足通信安全需求，其改进型 RT-1523 增加了通信保密模块，具备了话音通信保密功能。

MIDS 的升级型 MIDS-JTRS 终端中也内嵌了密码分系统，该密码分系统是一种可编程加密模块，完全基于多信道、可编程可升级保障模块 COTS 组件设计，能够编程执行所有所需的 1 类密码功能。2010 年，该密码分系统通过美国国家安全局为其颁发的 1 类保密证书，符合多信道、多级安全 JTRS 规范。

哈里斯公司 SecNet54 无线加密设备具有模块化、多功能、体积小、重量轻等特点，美国陆军战术级作战人员信息网、指挥平台以及联合网络节点都装备了这种设备。为了提高通信安全性，2009 年，SecNet54 无线加密设备进行了软件升级，升级为 2.0 版，完全符合高保障 IP 加密（HAIPE）规范，获得美国国家安全局颁发的 1 类保密证书。SecNet 54 是模块化的密码通信设备，支持包括 802.3 以太网和 802.11a/b/g 无线局域网在内的有线和无线通信技术。SecNet54 2.0 版设备为数据、视频和 IP 语音提供高级保密联网解决方案，符合美军密码现代化的要求，提供 1、2、4 类加密，为任何具备以太网接口的计算机提供移动保密通信，还能以广播方式更换密钥，为个人、单兵无线通信设备提供 1 类保密通信。

第三节　雷达

雷达作为重要的传感器自开发以来一直是各国发展的重点，其门类繁多，涉及的技术领域广泛，作战平台分布于地基、海基、空基、天基。从外军雷达的发展来看，为适应技术的快速进步、延长装备服役期、提高作战能力，大部分雷达都进行过升级改造，主要表现在对雷达体积、重量、功率、效率、与其他类型传感器交叉提示等方面的持续改进。雷达升级改造的重点主要包括功率器件的改进、计算机及应用软件的升级等，并向开放式系统方向发展。

● 改进发射机及其功率器件，提高雷达性能

在雷达系统中，发射机产生大功率射频输出信号，其体积大、重量重、成本高、功耗大，是雷达系统设计和维护比重非常高的部分。发射机功率器件的升级改造能促进雷达向小体积、轻重量、高效率、大功率方向发展，为降低功耗、提高性能、促进雷达在多平台上的应用提供基础，因此改进发射机及其功率器件是雷达升级改造的重点。对于那些对空间和重量都有苛刻要求的特殊平台，如舰艇、飞机、无人机平台等，改进安装其上的雷达发射机及其功率器件更是雷达升级改造的一个重要内容。

典型的有美国的 AN/SPY-1 雷达。AN/SPY-1 雷达是美国"宙斯盾"防御系统中的心脏设备，目前已发展出多种型号：AN/SPY-1A、AN/SPY-1B、AN/SPY-1D、AN/SPY-1D(V)、AN/SPY-1E、AN/SPY-1F、AN/SPY-1K 等多个型别，发射机及其功率器件的改造是该型雷达升级改造的重点之一。将 AN/SPY-1B 改进到 AN/SPY-1D 时，承包商采用了改进型的真空管以提高射频脉冲的占空比，并采用单一集中式发射机，用水冷式 60Hz 高压电源取代 AN/SPY-1B 中所用的 400Hz 高压电源，从而使功率重量比改善 40%，且成本降低 40%。AN/SPY-1B 安装在"提康德罗加"级巡洋舰上，

4 个雷达阵面分别安装在舰艇前后方的上层甲板上，而"阿利·伯克"级驱逐舰由于排水量比"提康德罗加"级巡洋舰小，因此装备的是体积、重量都大幅降低的 AN/SPY-1D 雷达，4 个雷达阵面安装在同一上层甲板建筑上，可共用一个行波管馈电。1998 年，AN/SPY-1D 雷达升级为 AN/SPY-1D(V) 雷达，后者采用了更为稳定的行波管。

除了使用更可靠的真空管改进雷达功率发射机外，在相关雷达尤其是有源相控阵雷达中，提高固态功率器件性能也是雷达升级改造的一个重要方面。如美国海军正在研制的防空反导雷达（AMDR）将开始使用氮化镓功率器件，欧洲航空防务和宇航集团公司下属的 Cassidian 公司也于 2011 年 9 月宣布其 TRS-4D 雷达的 T/R 组件也应用了氮化镓功率器件。TRS-4D 雷达是 TRS-3D 雷达的改进型，将安装在德国 F125 型护卫舰上。氮化镓器件是进入 21 世纪后开始迅速发展并成熟起来的新型宽禁带半导体器件，它代替当前雷达系统中的主流功率器件即砷化镓芯片能大大提高雷达的发射效率，减小雷达体积，因为氮化镓的功率密度比砷化镓高一个数量级，热导率是砷化镓的 7 倍。在有源相控阵雷达中，使用砷化镓固态器件时，雷达单个组件的发射功率为 2 ~ 5W，而氮化镓可使雷达单个组件获得高达 50W 的发射功率。这使雷达发射功率能不受限于其基本组件的发射功率，大大提高了雷达发射功率，雷达探测距离也能明显提高，而若保持雷达性能不变，雷达尺寸则能减少。

● 通过更新软件提高了雷达性能，缩短了雷达改造时间

雷达软件在雷达系统中占有重要地位，它既控制雷达的工作方式和状态，又对雷达各个环节的数据进行处理，实现雷达系统的功能要求。因此，软件的升级改造是雷达升级改造的重要内容。目前，雷达软件的升级改造主要包括：更新编码语言、使用开放式的软件体系架构、使用开源软件等，更新雷达软件不仅能提高雷达性能，而且新的开放式的软件使雷达易于维护和改进，缩短雷达改造时间，降低升级改造成本。例如，升级了的弹道导弹预警系统

（BMEWS）预警雷达采用了新的软件与语言，改善了导弹防御系统中段目标探测与跟踪能力，提高了在外大气层碰撞杀伤飞行器的能力，使雷达对每个来袭弹头具有更早的探测，跟踪能力。BMEWS 系统原来使用一种类似于 ALGOL 的计算机编程语言 JOVIAL，根据"预警雷达升级"计划，BMEWS 系统的雷达软件向 C++ 和 Java 语言过渡。又如，波音公司生产的 E–3F 预警与控制系统飞机在 1991 年交付法国后，法国于 2001—2006 年间根据"雷达系统改进计划"（RSIP）对 E–3F 上的雷达做了一次重要的升级，使用了新的高可靠性、多处理器计算机代替了原有计算机，并重新编写软件以提高整个系统的可维护性和可改进性。2010 年，法国又开始了 E–3F 预警机的升级工作，包括实施"多源集成能力"计划升级雷达，将雷达及其他传感器的图像集成为单一的图像。

除了升级雷达软件以提升雷达性能外，雷达的软件化也是雷达的一个发展方向，即雷达的功能主要由软件定义，也就是只通过程序的改变而不对硬件作大改动就能提高系统性能或重新定义雷达功能，这能改变当前特定雷达只能完成特定任务的现状，从而减少雷达繁多的品种，并促进雷达向多功能方向发展。

● 雷达系统向开放式系统方向发展，保障雷达持续升级改造的要求

开放式雷达系统是指采用模块化的硬件和软件设计，将雷达分解为松耦合的组件和子系统，并采用标准接口，完成雷达开放式系统体系的构建。美国林肯实验室已成功地使用开放式系统方法建造了开放式"眼镜蛇·双子"雷达系统的原型，美国国防部于 2009 年成立了"开放式雷达体系结构国防支援团队"以推动雷达向通用、开放、以网络为中心的体系结构发展。基于开放式系统设计思想对雷达进行现代化改造是雷达升级改造的重要方向。

美国诺斯罗普·格鲁曼公司于 2000 年 12 月开始研发"多平台雷达技术嵌入计划"(MP–RTIP)，这是为了提升 E–8C 飞机地面监视雷达性能而制

定的。MP-RTIP雷达天线有三种结构尺寸：最大的1.2×6.4m，用于E-10A；中等的0.6×6.4m，用于E-8C改进型；最小的0.46×1.5m，用于"全球鹰"无人机。雷达的天线尺寸不同，但硬件和软件结构相同。当然，天线尺寸不同形成了探测能力的差别：E-10A具有良好的对巡航导弹的探测能力，E-8C改进型具有部分对巡航导弹的探测能力（没有高度鉴别能力），"全球鹰"无人机则可以深入敌方进行侦察。美空军设想用E-10A和"全球鹰"无人机联合进行战场监视和空对空探测。MP-RTIP不仅仅是一部雷达而且还是一种监视系统，从现有的设备中小改一下是得不到上述能力的。第一部生产型MP-RTIP雷达于2010年9月在"普罗透斯"高空有人机上完成试飞，然后完成MP-RTIP雷达与"全球鹰无人机"的集成，并开展进一步的试飞。

第四节　电子战系统

和其他武器装备相同，国外电子战系统的发展广泛采用渐进式方式。其发展不是一步到位，而是通过多批次升级，最终向用户提交具有完全作战能力的系统。它的优点是能将成熟的、新的信息技术即时插入系统，并迅速将其转化为战斗力，适应作战需求的变化。它的升级改造重点是同平台的多用途改造、采用软件升级提升效能以及提高网络中心和协同作战能力。

● 进行多用途改造，适应不同平台需要

20世纪80年代，美国国防部已感到美军所用的电子战系统，种类、型号复杂，且有些系统功能和适用性十分相似，导致重复研制、经费分散、研制周期长、后勤保障困难，费效比低。因此，美军目前着重发展通用化、标准化、模块化电子战系统，进行多用途改造，适应不同平台的需要。不但提高了电子战装备的费效比，也有利于快速实现多种作战能力，满足多种复杂作战需求。

美国的AN/SLQ-32(V)系列电子战系统就是这样一个典型案例。该系列电子战系统已先后发展有5个型号，不同的型号基本采用了相同的模块，但

是通过多用途化改造实现了不同功能，并且装备在不同的作战平台上使用：基本型 AN/SLQ-32(V)1，主要功能是对来袭的雷达制导反舰导弹提供告警、识别和测向；(V) 2 型是在 (V)1 型基础上增加设备，扩充电子战支援能力，能对目标指示和导弹发射雷达提供预警、识别和测向；(V)3 型包括 (V)2 型的全部能力并增加了干扰功能，能使已经发射的导弹偏离目标；(V)4 是 (V)3 的改进型，其设计是为了满足大型航空母舰的需要；(V)5 系统软件在经过检验的 (V)3 系统软件的基础上加以改进，是为装备 ALQ-32(V)1 和 (V)2 的护卫舰和级别较小的舰只而设计的。

● 为了降低成本，采用软件升级快速实现能力提升

电子信息系统往往作为主战武器平台的功能模块出现，在以往，要获得更好的性能，往往会直接开发新的电子装备硬件，但是这样就造成了原有装备的浪费，会消耗大量的人力和物力。因此美国等发达国家目前较多采用软件升级的方法，来提高电子信息装备的性能，降低升级改造的成本和耗时。

GPS 卫星由于导航信号弱，极易受到干扰，导致了美军在作战行动中无法充分发挥部队的作战效能。要提高 GPS 信号的抗干扰性，一个办法就是发射新的 GPS 卫星，利用新技术对信号进行增强。但是这样做会耗费大量的资金，并且研究周期极为漫长。美军当前的做法是在现有卫星星座的基础上，对地面站和卫星使用的软件进行升级，从而实现相同的目的。2011 年，美国第 2 太空作战中队和第 50 太空联队完成了体系演进计划（AEP）5.5 版软件升级。AEP 采用分布式构架，具有确保了首颗 GPS IIF 卫星的飞行的能力，同时为 GPS 用户提供了新的安全结构，提高了卫星信号的抗干扰能力。这次软件升级是美国空军维护目前 GPS 地面系统工作和 GPS 现代化改进工作的一部分。同时进行的另一项工作是对 GPS 地面站的发射、异常处理和处置运行（LADO）系统的升级，该系统服务于第 2 太空作战中队的 GPS 信号控制、异常情况解决与处理作战任务。LADO 系统于 2007 年开始

运行，已经经历过多次升级，并且成功的处理了多次突发事件。利用 AEP 与 LADO 系统，美军增强了 GPS 卫星信号的抗干扰能力，提高了部队的作战效能，而所花费的费用要比发射新型 GPS III 卫星便宜的多。

另外，美军 F-22 战斗机所使用的电子战设备 iNews 也十分注重软件系统的升级。iNews 采用了由软件驱动的体系结构和硬件系统，可以说软件系统是该设备的核心功能模块。iNews 最初装备使用时，软件代码长度为 19 万行，而随着设备功能的不断提高和拓展，目前的软件代码长度已经增加到 26 万行，增加和改进的功能包括窄带搜索和跟踪功能以及无源搜索功能等。可以说，在硬件没有变化的基础上，iNews 通过软件的升级提高了作战能力。

● 加装信息传输设备，提高网络中心和协同作战能力

未来的网络中心作战环境要求电子战设备必须能把战场部队的所有传感器和交战能力综合在一起，各作战单元（平台）的电子战支援设备必须能近实时地获取威胁信息，并将它们与其他传感器以及通用数据链传来的其他平台的信息数据相融合，以实现协同作战，提高部队的整体作战效能。

美军对 EA-6B 电子战飞机进行的 ICAP III 改进中，最显著的特点就是加装了 Link 16 数据链、多任务先进战术终端和改进型数据调制解调器，使 EA-6B 具有与同一战区的其他飞机实时共享数据的能力，实现战场信息资源共享，提高了网络中心作战能力。其中，多任务先进终端和改进型数据调制解调器使 EA-6B 电子战飞机可以接收情报信息，并将目标坐标传送给其他发射"哈姆"反辐射导弹的飞机，实现对敌防空系统的协同攻击。

在 EC-130H"罗盘呼叫"信息对抗飞机的升级改造中，也加装了 Link16 通用数据链，使之能接收 RC-135 电子侦察机传送来的信息。RC-135 电子侦察机能监视敌方雷达，可将 EC-130H 对敌防空系统的干扰行动

是否获得成功的信息传送给 EC–130H 的飞行员，从而使这两种飞机在对敌防空系统压制作战中，实现了协同作战。也正是加装了 Link16 通用数据链，EC–130H 信息对抗飞机还可与 EA–6B 电子战飞机、携带"哈姆"反辐射导弹的 F–16CJ 战斗机协同作战，构成瘫痪敌防空系统的主要力量。由此可见，提高现有装备的网络中心战和协同作战能力是外军电子战装备升级改进的重要内容。

第九章
导弹武器系统升级改造

第一节 战略导弹武器系统

　　战略导弹武器的主要作用是对敌实施核威慑，制止敌方发动核攻击或使战争升级，并在威慑失败后进行报复性核打击，对于维护国家安全有特殊的意义。战略导弹武器研制周期长，研制费用高昂，列装后面临长期贮存自然老化的问题。延长战略导弹武器的使用寿命、优化性能，使其再次成为顶用装备，是保持战略威慑力量的规模和优势的最佳途径。下面以美国"民兵"-3导弹为例，说明战略导弹武器的升级改造的几个主要特点。

● 延长服役年限，保证系统可靠性

　　美国 LGM-30G "民兵"-3 是世界上最早的分导式多弹头洲际弹道导弹，自 1970 年 6 月列装以来，迄今服役已经超过 40 年。

图 9-1 "民兵"-3 导弹

　　美国在 20 世纪 80 年代启动了"民兵系统综合延寿"计划，在 1985—1994 年期间，对地面电源、发射系统、指控中心、通信等设施与保障系统进行了升级改造，主要项目包括：地下井防水，发射控制中心，备用柴油发电机，冲击隔离器，发射控制中心与井间的通信，环境控制系统，电涌防止器，更换发射设施外部保安系统和发射阵地之间的电缆系统，发射控制设施的电磁脉冲加固防护改进等。一些老化的辅助设备，如运输起重车和基地测试设备也被更换。通过这些措施，使"民兵"–3 导弹发射控制系统基本上得到全面翻新。

　　进入 20 世纪 90 年代后，由于"民兵"–3 导弹存放时间过长，弹内的固体推进剂开始出现干裂、收缩现象，导致助推器内部出现空隙，影响导弹的飞行性能，降低了导弹可靠性；制导部件由于长期处于加电警戒状态，制导系统湿芯钽电容器变干，控制器变压器内绝缘层短路，集成电路表面残留的导电粒子改变位置引起短路，电路板分层、元件和振动疲劳等问题，降低制导性能。

　　为了使"民兵"–3 的服役寿命延长至 2020 年，美国用性能先进的新部件更换各分系统老化的部件，大幅度提高导弹在未来服役期间的寿命与可靠性。

　　1993 年，美国启动了制导系统更换计划（GRP），对"民兵"–3 导弹原有的 NS–20 制导系统进行改进，并对"作战瞄准程序"和"飞行程序记录磁带"等制导系统软件进行改进。改进后的制导系统代号为 NS–50，保留原有的惯性测量装置（IMU），采用新型导弹制导计算机（MGC）和 16 位高速微处理器芯片，取代 NS–20 系统 D37D 计算机，同时还集成了放大器组件的功能。美国 1995 年启动"民兵"–3 导弹"推进系统更换计划"（PRP），1998 年开始逐步更换。PRP 计划重新制造所有的 3 级固体火箭发动机，装填最新的推进剂，用于助推段末段控制导弹机动的发动机关键部件也得到了更换。

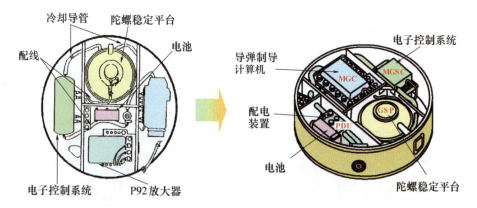

图 9-2 NS-20（左）更换为 NS-50（右）惯性制导系统

最近，美国国防部在过去改造计划的基础上，再次提出将"民兵"–3 导弹服役期延长到 2030 年的计划。根据 2012 年美国五角大楼预算，美国空军将在 2012—2016 年，花费 12 亿美元改进武器系统和"民兵"–3 导弹，以保证"民兵"–3 能够服役到 2030 年。改进任务包括替换陈旧部件、研制新的引信和改进传输发射指令的远程加密系统。

● 采用最新科技成果，提高导弹系统性能

早期生产的"民兵"–3 导弹主要采用 20 世纪 60 年代的技术，其弹上计算机和电子部件还没有推广集成化、芯片化，运算效率和抗干扰能力都不理想；弹上软件和对外通信标准明显落后，不适应高技术战争快速反应的要求。因此，"民兵"–3 导弹的改进计划主要使用了最新发展的新材料、新工艺和新一代数字电子技术。

从 1996 年开始，美国启动了"快速执行与作战瞄准"（REACT）计划，针对"民兵"–3 导弹发射控制系统设备的改进，主要是对发射控制中心的指挥与控制硬件、软件、保障设备和陈旧电子组件的更新和改造，以及对导弹的紧急通信网络的改造。REACT 计划对地处美国中西部的"民兵"–3 导弹发射控制中心的极低频 / 低频（VLF/LF）和极高频（EHF）卫星通信（MILSTAR）系统进行了改进，推广了数字化通信，将发射控制中心的指挥与更高权力部门的指挥、高生存性通信、新指挥控制台整合到一起。通过执行该项计划，使导弹在打击计划外目标时重新瞄准的时间缩短，同样也减少了处理和转发作战指令的时间，提高了设备免受核爆炸杀伤要素破坏和避免作战部队操作员非法使用导弹的可能性。此外，遥测和检测系统的完善也为完成作战部队的训练程序提供了保障。

● **改进弹头，提高打击精度和威力，扩大打击范围**

"民兵"-3导弹原有的打击精度为200m左右，已经完全可以满足冷战时期的作战需要。由于美国在新战略中提出了对战略目标精确打击和对包括地下指挥所、核生化设施等特种目标的精确打击要求，提高武器打击精度势在必行。为此，美国在改进计划中确定更新制导组件，将"民兵"-3导弹的打击精度提高到90m以内。目前，美国提出开发战略导弹弹头的GPS制导技术，如果能够成功的话，将使导弹在10000km射程下的打击精度达到10m左右，能够满足美国《未来战略力量》发展规划中提出的"在较少附带损伤"的前提下，在反恐战争中对小型常规目标的打击要求。

2005年9月，美国推出了"再入载具安全性增强"（SERV）计划，即

图9-3 美国"民兵"-3导弹发射

用已退役的"和平卫士"导弹上的 MK-21 再入载具和 W87 弹头更换"民兵"-3 导弹上的 MK-12、 MK-12A 再入载具和 W78、 W62 弹头。W87 弹头比 W62 威力更大，与 W78 威力接近，安全性能更好。2006 年初，诺斯罗普·格鲁曼公司获得了价值 1.35 亿美元、为期 6 年的合同，开始实施"民兵"-3 导弹更换工作。

另外，"民兵"-3 由三弹头改为单弹头且采用新型弹头技术后，重量大大减轻；新的发动机又使推力可能有所增加。这样，射程可由 9800 ~ 13000km 提高到 12000 ~ 15000km，扩大了打击目标的覆盖面。不过"民兵"-3 导弹的射程没有提高到这么远的必要，其富余的有效载荷除用于提高精度外，将有可能用于突防技术，增加突防措施。

第二节　战术导弹系统

现代战场是陆海空天电等多维立体战场，导弹要面临高技术武器平台及其携带弹药多批次高强度威胁，以及全空域多类型威胁。相应地，导弹要进行对付各种空域目标、打击各种类型目标，以及能适应多种平台装备的多用途系列化改进。现代战场由以平台为作战中心转向以网络为作战中心，战场几乎没有了纵深，实施的是非接触打击与精确、瞬时打击。因而导弹改进更多围绕提高打击精度，扩展导弹射程，最大限度提高防区外打击能力等方面进行。随着信息技术的发展，战术导弹武器装备的改造与改进通常都是运用信息技术进行信息化和网络化改进，同时更多地采用成熟技术进行综合集成整体提升作战能力。

● 应对复杂战场环境，进行多平台、多用途系列化改进

导弹武器需要应对复杂多变的现代战场环境，西方国家不断改进导弹武器系统，使其能够适应不断变化发展的战场环境。典型的如美国"爱国者"防空导弹等。美国"爱国者"导弹于 1984 年服役，原型为拦截作战飞机的中高空地空导弹，后来为应对战场环境的变化经历数次重大的改进。为对付

中近程战术弹道导弹，"爱国者先进能力"-1/2（PAC-1/2）应运而生。"爱国者"PAC-1/2 采用破片杀伤战斗部，拦截中近程战术弹道导弹能力有限，美国又提出了"爱国者"PAC-3 重大改进。PAC-3 采用直接碰撞杀伤战斗部，增加了数据链路 Link16，使"爱国者"成为能够有效拦截战术弹道导弹，未来能够作为末段低层导弹防御系统。

图 9-4 爱国者 PAC-3 导弹发射

法国研制的"飞鱼"反舰导弹巡航高度低、命中概率高，攻击具有很强的隐蔽性与突然性。舰射型 MM38"飞鱼"反舰导弹服役后，很快就在MM38 基础上发展了性能基本相近的空射的 AM39 与潜射 SM39 反舰导弹。这些导弹已在多次战役中大显身手，取得了辉煌战绩，其中尤以 AM39 表现最为耀眼。在 1982 年的英、阿马岛战争中，阿根廷空军发射 AM39 导弹击沉了英军的"谢菲尔德"号驱逐舰；在 1987 年伊拉克空军又用 AM39 导弹重创了美军的"斯塔克"号护卫舰。

图 9-5 空射型 AM39 导弹

导弹武器多用途系列化改进已经进行了二、三十年，各种案例不胜枚举，美国陆军战术导弹系统（ATACMS）是这方面的典型代表。ATACMS 基本型研制成功后，随即进行了各种改型，通过装备不同类型的弹头和改变子弹药的数量，形成具有多种射程、可以打击多种目标的战术弹道导弹系列，其改型情况见表 9-1。

表 9-1 美军部署的 ATACMS 战术弹道导弹系列主要弹型

弹型	弹头类型	子弹头数量/枚	子弹头总质量/kg	射程/km	制导系统	打击目标	部署时间
Block-1	杀伤子弹药	950	560	150	H700-3A 激光陀螺惯性制导系统	地面装备、人员	1990 年
Block-1A	杀伤子弹药	300	162	300	H700-3A+GPS	地面装备、人员	1998 年
Block-2	智能反坦克子弹药	13	260	150	H700-3A+GPS 红外成像/声探测	集群运动坦克	2001 年
Block-4	整体式弹头	1	120+	300	H700-3A+GPS	地面建筑和掩体	2006 年

● **围绕提升远程精确打击能力进行改进**

现代战场是在核威慑下，以战场信息网络为纽带，以纵深精确打击为主要攻击方式，达到打赢局部战争目的，射程无疑成了实现战争目的关键战术

第九章 导弹武器系统升级改造

173

指标之一。卫星导航定位精度与距离无关，减轻了射程对导弹武器精度的制约。在信息化改进的前提下，各国都在拓展导弹的射程，使进攻性导弹达到防区外射程，使防御性导弹能够在更远的距离拦截目标。如美国"鱼叉"Block2 SLAM-ER、瑞典 RBS-15 Block3、意大利"奥托马特"3、俄罗斯的"白蛉"3M80、"俱乐部"3M54、"宝石"等，均是在基本型的基础上增加射程，变成防区外导弹。

随着防御系统防区的不断扩大，西方国家正在通过升级改造，不断增加战术导弹的射程。如战术"战斧"在"战斧"原射程的基础上，增加到 3000km；AGM-86C 射程在原来 965km 的基础上增加到 2300km；JASSM 增程型也在研制，正在发展的改型，射程提高到 927km。"鱼叉"Block1E（"斯拉姆"：SLAM）由原来对近岸攻击 180km 射程，增大到 Block2（"增程斯拉姆"：SLAM-ER）的 278km 射程，进一步发展为对陆攻击导弹。

为提高精确打击能力，西方国家对导弹制导系统进行不断改进。通常采用 GPS、雷达、光电制导、先进惯导等技术，对中制导系统与末制导进行改进。对中制导的改进，如采用光纤陀螺仪捷联惯导；地形匹配、无线电指令等组合制导系统；捷联惯导/GPS 组合制导等，大幅度提高远程导弹的制导精度与全天候作战能力。20 世纪 90 年代起，美国等西方国家，采用 GPS/INS 进行中制导，在中段制导精度就能够达到十几米，未来随着 GPS 定位精度提高，制导精度还将提高，能够达到米级，甚至 1m 以内。如 SLAM-ER、JASSM、JASSM-ER、ATACMS、战术"战斧"，俄罗斯的 X-555、"伊斯坎德尔"-M，英/法的"风暴前兆"/"斯卡尔普"等均采用 GPS（GLONASS）/INS 中制导。对末制导的改进主要针对导引头，采用多模传感器，以获得丰富的目标特征信息。如采用光学凝视成像，多光谱成像，射频宽带高分辨率的一维、二维、三维成像传感器，获取目标雷达散射特征信息。目标特征含量的增强，使导弹提高了命中精度。用于对导弹进行升级改造一般采用双模成像导引头成熟技术，如 ATACMS Block2、战术"战斧"分别采用被动雷达 / 红外双模导引头、毫米波主 / 被动双模导引头。

● 通过加装数据链等手段进行信息化、网络化改进

信息化战场已推进到网络化战场阶段，导弹武器系统也为适应网络化作战需求进行改进。一种改进是在导弹上加装数据链，将导弹集成到战场一体化网络中，共享并利用数字化信息，实现对任意目标瞬时精确打击与协同作战；另一种改进是对多型分立的导弹武器系统进行局域互联的改进，使多型导弹武器联网作战。

西方国家在导弹武器系统信息化改造中十分重视运用各种战术数据链，使导弹武器能够持续共享最新的陆基、海基、空基和天基平台最新的目标数字信息，实现了导弹与其他武器、导弹与发射平台、导弹与控制中心之间的数据交换。通过接收数据，可以使导弹能够进行目标选择与重瞄；通过传出数据，可以使导弹进行战场杀伤效果评估。导弹不仅能够近实时打击固定目标，而且能够对目标进行重新定位，对时敏目标进行打击，还能对目标毁伤情况进行评估后进行再次打击。

美国"战斧"导弹、"鱼叉"Block2 与法国"飞鱼"Block3 等飞航导弹加装单向数据链，战术战斧进行双向数据链改进，实现机动弹道攻击、可重复瞄准，具备了战场实时效能评估的能力，也可以与其他武器配合使用，增强了导弹的灵活性和响应能力，使导弹能够快速精确打击固定与移动目标；俄罗斯提出了与美国"传感器到射手"时敏打击概念相类似的"侦察打击一体化系统"，并对现役导弹武器系统进行改进，如对 S-300B 系列与战术战役导弹进行"侦察打击一体化系统"改进，使系统反应时间缩短到 15s，导弹发射时间隔仅为 1.5s。

面对由各种弹道导弹、巡航导弹、隐身飞机、无人机、制导炸弹等组成的空天打击体系的威胁，未来防空导弹必须形成联网作战的体系，才能有效地对付日益强大的空天威胁。美国末段导弹防御系统是逐步改进成为网络化

作战系统，主要改进是针对预警探测和信息传输系统，发展联合数据通信系统，并试验探测器联网技术，采用 Link16 数据链、协同作战能力（CEC）系统、陆军 1 号战术数据链与爱国者导弹数据链等。将"爱国者"PAC–3、"末段区域高空防御系统"（THAAD）、改进"霍克"、"标准"–2 等末段导弹防御系统联成一体。利用数据链及时在战区内各种导弹防御系统之间传输目标数据，在各防空反导系统、地面指挥中心、宙斯盾军舰、航空母舰之间，实现信息传输与交换，并建立联合战术地面站，接收、处理和融合现役预警卫星等视距外获得的导弹目标信息，并转发给导弹防御系统。图 9–6 为形成全球网络的美国导弹防御系统。

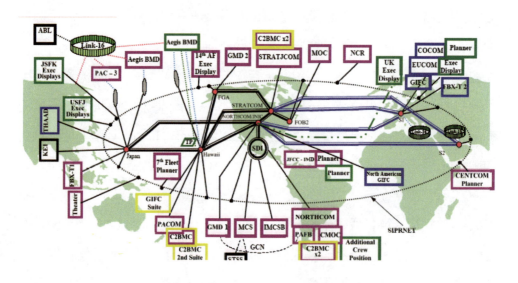

图 9-6 形成全球网络的美国导弹防御系统

第十章
动力系统升级改造

　　动力系统是为武器平台提供动力和能源的设备或系统的统称。动力系统是武器平台最核心的组成部分，其优劣直接影响到武器装备平台的战术技术性能。动力系统按照装备平台的不同，可分为航空动力、舰船动力和车辆动力。由于航空动力、舰船动力、车辆动力采用的动力形式以及工作环境不同，为此三者在升级改造方面也有很大的不同。

第一节　航空动力

　　航空动力是飞机或直升机的心脏，航空发动机是飞机或直升机研制的先决条件。目前使用的军用航空发动机主要有涡扇发动机、涡桨发动机和涡轴发动机，涡扇发动机主要装备战斗/攻击机、远程轰炸机、大型军用运输机以及由其改型而成的特种军用飞机，涡桨发动机主要装备战术运输机以及由其改型而成的军用特种飞机，涡轴发动机则装备武装直升机等军用直升机。在对军用飞机或直升机进行升级改造时，往往伴随着飞机或直升机起飞总重的增加、对其机动性（加、减速和盘旋，甚至非常规机动）、作战半径/航程、电力和航电设备冷却要求的提高，以及提高其可靠性并减少保障需求等，这些都需要相应增大现役发动机的推力/推重比以及提高发动机可靠性、维修性和延长寿命。因此，航空动力的升级改造具有至关重要的地位和作用，它对军用飞机和直升机的升级改造起着制约作用。

● 增大发动机推力/推重比

　　提高军用航空发动机推重比和增加推力的主要途径是增加风扇和压气机

的空气流量、提高涡轮进口温度，提高风扇和压气机的增压比。采用先进的气动设计方法（以提高部件效率）、单元体结构设计（简化结构、减少零部件数量，从而减轻发动机重量）、先进的数字式发动机控制系统技术、轻质材料的风扇机匣和叶片、先进的高温涡轮叶片材料和先进的冷却技术，这些改进对于提高发动机的推力和推重比具有重要作用。

图 10-1　F100 涡扇发动机剖面图

可以通过典型发动机在服役后的进一步发展过程来观察这些改进方法，如 F-15 和 F-16 战斗机装备的 F100 发动机服役之后，由于军方对 F-15 和 F-16 战斗机的使用要求不断变化，对发动机的推力要求不断提高。自 F100 发动机的基准型 F100-PW-100 在 1972 年 7 月 27 日装配 F-15 战斗机实现首飞以来，F-15 已由 F-15A 基本型发展出了用于美军的 F-15B/C/D/E 五种型别的战斗机；F-16 也不断改进发展出了 A/B/C/D 四个主要型别的战斗机。对应的用于双发 F-15 和单发 F-16 战斗机的发动机也由 F100-PW-100 发展出了 F100-PW-200、F100-PW-220、F100-PW-220E、F100-PW-220LE、F100-PW-220P、F100-PW-229 和 F100-PW-232（带推力矢量），各型别发动机的基本参数的变化情况见下表。

自 F-15A 服役以来，各型别战斗机的重量发生了很大的变化。B 型为串列双座战斗教练机，重量比 A 型增大约 363kg。F-15C 是 A 型的改进型，最大起飞重量增至 30845kg。到 F-15E 型双用途战斗机时，最大起飞重量达到 36741kg。F-15 各型别的基本参数见下表。F-15B、F-15D 分别是 F-15A 和 F-15C 的双座型，除乘员舱是双座型外，其他的基本情况与对应

表 10-1　F100 各型别基本参数

F100-PW	-100	-200	-220	-220E	220LE	-220P	-229	-232
最大推力 /kN	100.53	100.53	105.72	105.72	105.40	120.01	129.45	144.85，理想进气道
中间推力 /kN	6526	6526	6390	6390	6490	7429	7918	9800，理想进气道
空气流量 / (kg/s)	101.1	101.6	103.4				112.4	
涵道比	0.7		0.6	0.6			0.4	
总增压比	24.5	24.5	24.5			28.5	32.4	35
涡轮前温度 /℃	1399		1399				>1399	
最大耗油率 / kg/(daN·h)	2.14	2.14	2.14	2.14	2.13	2.05	1.98	1.95
推重比	7.18	7.09	7.28	7.33	7.02	7.93	7.75 (F-15) 7.67 (F-16)	8.01 7.94 (推力矢量)
最大直径 /mm	1181	1181	1181	1181	1181	1181	1181	1181
长度 /mm	4855	4855	4855	4855	4855	4855	4855	4844
干质量 /kg	1428	1447	1481	1472	1532	1544.5	1703 (F-15) 1721 (F-16)	1844 1860 (推力矢量)
适用机型	F-15A/B F-16A/B	F-16A/B	F-15C/D/E F-16C/D	F-15 F-16	F-15 F-16	F-15 F-16	F-15 F-16	F-15 F-16

的 A 和 C 型相同。从 F-15A 到 F-15C，飞机的最大起飞重量由 25400kg 提高到 30845kg，增长 21.4%；从 F-15A 到 F-15E，飞机的最大起飞重量由 25400kg 提高到 36741kg，增长 44.6%；发动机的最大加力推力也由早期的 100.53kN 增长到现在的 144.85kN，增长了 44%，推重比由 7.18 提高到了 8.01。再来看看 F-16 战斗机的变化情况。从原型机 YF-16 到 F-16C/D，飞机的起飞重量和作战能力有了很大的改变。从 F-16A 到 F-16C，飞机的最大起飞重量由 16057kg 提高到 19187kg，增长 19.5%；发动机的最大加

力推力也由早期的 100.53kN 增长到现在的 144.85kN，增长了 44%，推重比则由 7.09 提高到了 8.01。

● 提高发动机可靠性、维修性和延长寿命

采用单元体结构设计方法，可简化结构并减少零部件数目，能有效减少发动机的维修工作量而提高其维修性；通过采用更好的设计方法和新工艺材料以及视情维修、状态监控与故障探测等措施，可大大改善发动机的可靠性和维修性；燃烧室和涡轮等高温部件采用先进的冷却技术和材料技术，能降低涡轮进口温度而延长发动机的寿命和提高工作可靠性。

仍以 F100 发动机为例。F100 发动机是世界上第一种投入使用的推重比实际为 7，而号称为 8 的军用发动机。在工作参数选择上过于注重提高发动机性能，因而采用了较高的涡轮进口温度、高的增压比和低的涵道比。F100 发动机也是首次采用单元体结构的战斗机发动机，它由 5 个单元体组成，且各单元体可以单独更换。

由于在研制中片面强调性能，忽视适用性、可靠性、耐久性和维修性，零部件工作在靠近极限边界处而裕度范围不够充足，并且研制周期短、试验不够充分，因此在投入使用后出现了大量飞行安全性、可靠性和耐久性方面的问题，曾迫使美国空军一线战斗机停飞。为此，空军和普·惠公司投入大量改进改型资金，采取一系列技术措施，终于到 1984 年改进改型研制出 F100-PW-220，基本上解决了 F100-PW-100 发动机存在的问题，当时共花费改进改型资金 6.66 亿美元。普·惠公司用 F100-PW-220 的先进技术套件改装早期的 F100-PW-100/200 型别发动机，使之成为被称作 F100-PW-220E 的性能增强型发动机，使早期的发动机具有了与 F100-PW-220 相同的适用性、可靠性和维修性，与此同时降低了生产成本。F100-PW-220LE 是进一步的升级型，采用了新材料、更好的冷却和其他措施，从而延长了寿命并减少维修需求。

F100-PW-100 在 1980 年时的翻修寿命达到 1250h，1985 年获准

1800 个任务循环无需热端修理。F100-PW-220P 是 F100-PW-220E 的改进型，以前称之为 F100PW-220E+。1991 年开始改进工作，将 F100-PW-229 的先进风扇、新的加力燃烧室燃油管理、全权限数字式电子控制系统（FADEC）和先进低压涡轮材料应用到 F100-PW-200 和 F100-PW-220E 上。2004 年 8 月，美国空军宣布一项称为发动机寿命管理计划（ELMP）的长期改进项目，从 2005 年到 2030 年，预计费用将至少达 10 亿美元。将为在美国空军中服役的所有 2700 台 F100 发动机提供长远的升级改造。最紧迫的部分从 2006 年到 2011 年进行，费用将超过 5 亿美元，返修间隔时间为 6000 个飞行循环。其中一项具体的修改，便是更换发动机的数字发动机控制装置（DECU）。

F100-PW-100 发动机采用综合液压—机械燃油和喷管控制，带电子监视装置。F100-PW-200 发动机增加手动备份燃油控制，F100-PW-220 则采用了数字电子控制和新的齿轮式燃油泵。F100-PW-229 采用全权限数字式电子控制（FADEC），可以"无忧无虑"地单杆操纵甚至快速加速。作为上述寿命延长计划的一部分，从 2004 年起，所有美国空军的 F100-PW-220/-229 型发动机的数字电子发动机控制（DEEC）逐步由新的汉胜公司的控制和健康管理系统取代。

T56 涡桨发动机是目前仍在役的美制 P-3C 海上巡逻反潜机、C-130H 战术运输机和 E-2C 舰载预警指挥机等军用飞机的主力发动机。自 1998 年以来，采取了一系列改进措施以改进可靠性、维修性和延长寿命。改进的 T56 发动机提高了可靠性，包括重新设计第 1 级涡轮转子叶片，采用定向凝固材料；重新设计第 1 级涡轮导向器，改进冷却，使前缘温度提高 22℃，叶中温度提高 67℃；采用全新的涡轮机匣，材料由 Hastalloy C 改为 Inconel718，从而改善了热稳定性和与涡轮轴承座之间的匹配。以 1986 年投入使用的 T56-A-101/-427 改进型发动机为例，采用新的涡轮材料、新涂层和新的冷却方案之后，其部件可靠性提高了 10%、齿轮箱的可靠性提高了 25%。T56 在升级改造中还重新设计了压气机 2 号轴承，加深外涵道，将滚珠数从 14 个减为 13 个，在减速器上采用新的扭矩计主轴承，滚动元件从 22 个减为 12 个，隔离元件由铜改为钢，从而改善了维修性。T56 发动机改进之后延长了使用寿命，其在役时间从 1400h 延长到 1700h，所作改进包括压气机静子叶片改用新的耐腐蚀材料，第 1 和第 2 级转子叶片涂耐腐的氮化钛。

T700 系列是装美国陆军 UH-60A "黑鹰" 运输直升机和 AH-64 "阿帕奇" 武装直升机的涡轴发动机。1967 年美国陆军为 "通用战术运输机系统"（UTTAS）招标一种新的涡轴发动机，通用电气与普·惠公司分别以 GE12 和 ST9 先进技术验证机参加投标，1971 年 GE12 中选。通用电气公司对 GE12 做些小的改进，为其加上整体式进口粒子分离器之后改称 T700，并于 1972 年正式开始 T700 的研制。1973 年 T700 首次台架试验，1974 年首飞，1978 年投产。T700 发动机最初是为美国陆军 UH-60A "黑鹰" 直升机设计的，其要求是以最小的维护费用并在多种环境条件下，保证发动机的泼辣性、安全性和可靠性。后来，美国陆军为其 AH-64 "阿帕奇" 武装直升机选用了改进的 T701 发动机。T700 发动机在可靠性和维修性方面有很大的突破，超过了同类发动机。目前，T700 系列的最新改进型应用最新技术而提高了耐久性和维修性设计。T700 的进气装置与粒子分离器设计成一整体，这种整体结构在世界上是第一次采用。该分离器可分离 85% ~ 95% 的沙粒与灰尘，不仅简化了压气机结构，提高了可靠性，而且降低了维修费用，保证在野战条件下使用。T700 采用单元体设计而大大减少了零部件数目，零部件数只为通用电气公司早期的 T58-16 涡轴发动机的 68%。T700 的压气机叶片比 T58 少得多且级数减少了 40%，而增压比几乎为 T58 的两倍。T700 采用视情维修、状态监控与故障探测等措施，无需定期维修与翻修。另外，发动机发生故障后只需更换单元体。外场维修只需用陆军航空机械工具包中的 10 件工具就能完成。4 个单元体的更换时间：冷端需 81min，控制系统与附件单元体需 21min，热端部件需 56min，自由涡轮需 33min。T700 的设计寿命为 5000h，包括 750h 的 100% 起飞功率。

从前述可知，改进气动、结构、功能和用材设计、采用新材料和新制造工艺，除了提高发动机的性能指标，或在原有指标不变的情况下，能够提高或者扩展零部件的工作裕度，从而提高可靠性、适用性、耐久性，延长寿命。按维修需要进行设计，如设置孔探仪检查口、单元体结构等，采用全权限数字电子控制（FADEC），使得空地勤人员有能力及时了解发动机的工作状态和故障情况，便于被称为翼上或在翼（发动机或系统不从飞机上拆解分离）时的及时快速检查，以及在确认故障后的快速分解更换，实现视情维修。先进的控制和健康管理系统还能够实现在空中出现故障时实现一定条件下的能力重构，保证飞机能够继续安全飞行或返航。

第二节 舰船动力

目前舰船采用的动力形式主要有蒸汽轮机、燃气轮机、柴油机以及核动力装置等。作为舰船的核心组成部分，对舰船动力升级改造能够有效提升舰船的作战效能。从国外舰船动力发展过程来看，舰船动力的升级改造主要体现在以下几个方面，只是不同形式的舰船动力升级改造的重点有所不同。

● 改进现有机型的结构，满足目标舰艇发展需要

在成熟的机型上进行改造发展新机型是舰船动力装置比较普遍的一种发展方式。实践证明，这种发展方式是一种比较经济、能够缩短研制周期、易于成功的方式。而且其最大的优势在于，新机型和原型机零部件还有很大程度的通用性，简化了许多工艺，提高了生产效率。例如，乌克兰"曙光"机器设计科研生产联合体最新研制的 UGT-25000 大功率舰用燃气轮机就是在其 UGT-15000 舰用燃气轮机基础上研制的，在其压气机上增加了零级，并将该机的燃气初温提高到 1250℃，使 UGT-25000 的功率达到 29000kW，与母型机相比功率提高了 65%。

舰船柴油机也有类似的情况。如 MTU 公司的 1163 系列舰艇柴油机就是在 MTU956 系列柴油机的基础上，将冲程由 230mm 加长到 280mm，降低转速至 1100~1200r/min 而成。除曲轴、曲轴箱、连杆、活塞顶、汽缸套等不同外，其余 90% 以上的零件两者均可通用。经此改进后称为 20V1163 系列柴油机的最大功率为 7400 kW，而其原型机 20V956 的最大功率仅为 6250 kW，与原型机相比功率提高了 18.4%。

● **提高动力装置功率覆盖范围，扩大适应范围**

国外舰艇动力装置的生产厂家不断地对发动机的关键零部件进行改进的主要目的是使其可覆盖更大的功率范围，满足多种舰艇需求，扩大市场的占有率。以燃气轮机为例。如美国通用电气公司的 LM-2500 舰用燃气轮机。LM-2500 型舰用燃气轮机经过多次改进，其功率已由基本型的 19918kW，拓展为 16537~34800kW。发展出了功率为 16537kW 的 LM-2500-20 型，功率为 25060kW 的 LM-2500-30 型，功率为 30200kW 的 LM-2500+ 和功率为 35320kW 的 LM-2500+G4 等多个型号。其中，LM-2500-30 型舰用燃气轮机已在世界 20 个国家的 400 多艘舰艇上采用，主要是在巡洋舰、驱逐舰、护卫舰、轻护舰、补给舰和巡逻艇等水面舰艇上使用。

除 LM-2500 舰用燃气轮机外，还有许多其他燃气轮机也是通过对关键零部件的改造扩大了功率和使用范围。如：乌克兰"曙光"机器设计燃气轮机科研生产联合体（Zorya Mashproekt）的许多燃气轮机都是走的这一条路，如 UGT-15000+ 舰用燃气轮机就在舰用 UGT-15000 燃气轮机生产型的基础上研制，UGT-6000+ 燃气轮机是在 UGT-6000 燃气轮的基础上研制等。

● **改进外部设备，提高可用性、可靠性和可维修性**

舰船动力的优劣不仅直接影响着舰船的战技性能，也影响着舰船的全寿期费用。为此提高舰船动力的可用性、可靠性和可维修性，一直是舰船动力升级改造的重点，特别是对于常规动力而言，提高"三性"体现得尤为重要。如英国罗尔斯·罗伊斯公司就在 SMIA 舰用燃气轮机的基础上研制了 SM2、

SM3 和 SM1C 舰用燃气轮机。与 SMIA 相比，SM2 和 SM3 取消了箱装体，结构更加轻便，增加了可用性，更适合在气垫船、水翼艇和其他快艇上使用。而 SM1C 与 SM1A 相比由于在性能、可靠性、可利用性和可维修性上有了很大提高，最终导致了用它取代了 SM1A 而用于以后生产的所有舰艇。

罗尔斯·罗伊斯公司的 AG–9140 燃气轮机是在 501–K34/KB5 基础上改进而来，在原有箱装体内安装了嵌入式的维修桁架和绞车，提高可维修性。除此之外，AG–9140 还采用了嵌入式机械启动器（250–KS4），能在灯火管制时用电池启动，具有启动冗余能力，从而提高了燃气轮机的可靠性。AG–9140 已在韩国海军的 3 艘 KDX–3 驱逐舰上使用。

● 核动力注重改善安全性，延长使用使命，提高运行功率

核动力装置主要用于航母、巡洋舰和核潜艇等主战装备上。当前核潜艇发展的目标主要是延长核反应堆的寿命，提高运行功率和改善安全性等几个方面。例如，S9G 型反应堆是美国"弗吉尼亚"级攻击型核潜艇的反应堆，每艇采用 1 座 S9G 压水堆，水下航速可达 34kn。为提高 S9G 反应堆的寿命和能量密度，美国海军采取了以下措施持续对 S9G 反应堆进行改进。一是美国海军专门为 S9G 反应堆研制了体积小、效率高、可靠性好的新概念蒸汽发生器。新概念蒸汽发生器体积小，使核动力装置设备具有更大的布置灵活性和更低的费用；换热效率更高，可降低反应堆冷却剂流量，进而降低反应堆噪声；泵等旋转式机械或运动部件使用耐腐蚀性更好的材料和润滑剂（即采用弹性设计），可提高反应堆的可靠性和寿命。而且，通过优化设计简化 S9G 结构，取消了大型控制设备和泵，有效降低了噪声。二是优化堆芯设计。通过 S9G 堆芯和设备材料、核燃料元件的辐照试验可更好理解堆芯的腐蚀过程，计算反应堆寿命末期的性能，以支持堆芯延寿；利用试验提供的广泛数据、新的分析模型，建立和修改现有堆芯性能设计准则。三是开发新型堆芯材料，大幅提高功率密度。同时，为了满足潜艇对于功率的不断增加的要求，美国能源部海军反应堆正在开发转换技术堆芯（TTC）。在不

增加反应堆装置尺寸、重量等前提下，与传统堆芯相比能量可提高30%。转换技术堆芯计划首先用于"弗吉尼亚"级潜艇，提高作战能力和灵活性。

第三节 车辆动力

目前军用车辆采用的动力形式主要是柴油机和少量的燃气轮机。作为决定军用车辆机动性能的核心装置，对车辆动力系统的升级改造既是提升军用车辆机动能力的重要手段，也是军用车辆动力技术发展的一种重要形式。从国外的发展情况看，军用车辆动力系统的升级改造主要是围绕以下几个方面开展的：

● 提高发动机功率，满足坦克装甲车辆更新换代对大功率动力系统的需求

随着坦克装甲车辆重量的不断增加，为了满足新型坦克装甲车辆的机动性要求，提高发动机功率成为车辆动力系统升级改造的一项重要内容。苏联的V2系列坦克发动机是目前世界上发展历史最久、装备数量最多的坦克发动机之一，几十年来，通过不断的升级改进，形成了包括装备T-34坦克的V2-34、装备T-54坦克的V-54、装备T-55和T-62坦克的V-55、装备T-72坦克的V-46、装备T-90坦克的V-92S2等系列机型，其中，不断提高发动机功率始终是V2系列坦克发动机改进的一项核心内容。该系列发动机的早期机型V2-34的功率仅有368kW（500马力），后来改进的V-54机型功率提高到382kW（520马力），V-55是B-54的改进型，在转速保持2000r/min的情况下，功率进一步提高到426kW（580马力），途径是提高压缩比和增大循环供油量，稍为增大喷油提前角。因此，单位体积功率、升功率等比V-54均有提高，比重量指标也有改善。V-46是V-55的改进型，是在V-55的基础上采用机械增压，功率提高到574kW（780马力），与同样采用机械增压的V12-6柴油机功率相近，但布置不同。V12-6柴油机的增压器安装在发动机自由端，由曲轴前端驱动，使发动机总长度增加

300mm 以上，故需采用纵置方式；而 V-46 柴油机的增压器安装在功率输出端，由输出端的增压器齿轮驱动，取消了曲轴的第 8 轴承与止推滚珠轴承，使发动机总长度比 V55 缩短了 100mm 左右，故发动机仍可横置。后来进一步发展的 V92S2 机型通过改用涡轮增压，功率进一步提高到 735kW。20 世纪 90 年代，在 V92S2 涡轮增压柴油机基础上，将行程减小至 160mm，继续采用一个涡轮增压器布局于发动机前端的 V 型夹角处，发展成功率达 883kW 的涡轮增压中冷柴油机，型号为 V99，并成功横向布局于 T-90 坦克上，V99 发动机已于 1999 年装备部队使用。

● **扩大发动机功率覆盖范围，实现系列化发展**

由于重量和作战功能的不同，不同类型的军用车辆对动力系统的需求也各不相同，为此国外常常通过改变发动机的缸径、行程、转速等方法和手段，扩大发动机功率覆盖范围，实现系列化发展。

MT880 系列发动机是德国 MTU 公司继 MB837 系列、MB870 系列之后，专门针对陆军第三代机动作战平台研制的动力装置，公司研发该系列发动机的主要意图就是希望用一种系列发动机满足联邦德国从坦克和重型战斗车辆到轻型战车的全部动力需要。

MT880 系列的第一款机型是 MT883 发动机，该发动机为 12 缸，研发第一阶段采用的是传统喷射系统，型号为 MT883Ka-500，其标定功率为 1100kW，标定转速 2700r/min，单位体积功率 890kW/m^3，压缩比为 14∶1；在研发第二阶段，MT883 发动机改用了共轨喷射系统，型号为 MT883Ka-501，可以在保证低油耗和符合欧 2 排放要求的同时，实现 100kW/ 缸的输出功率，此外还进行了安装全数字化和军用标准化的电控装置等改进，改进后 MT883Ka-501 发动机的机体更轻、缸盖中冷却液的流动阻力降低、齿轮系实现了免维护保养。继 MT883 之后，MTU 公司通过在 MT883 发动机的基础上改变缸径、行程、转速等方法和手段，先后发展了 4、5、6 缸直列型和 6、8、10 缸 V 型等机型，功率范围覆盖范围为

360 ~ 2016kW，形成了可以满足轻型、中型、重型装甲装备动力系统需求的 MT880 发动机系列。

MT880 系列发动机的设计原则可以归纳为：尽量采用普通材料和常规生产工艺，将传统的设计经验和先进的设计方法相结合，最大限度地减小发动机外形尺寸，保持高的结构紧凑性以满足军用发动机高单位体积功率要求；不盲目追求设计参数高指标，如活塞平均速度还保持 14m/s，小于 MB873Ka-501 发动机的 15.2m/s；通过提高平均有效压力以提高发动机功率，但 MT883 的平均有效压力较欧洲和美国的同功率级发动机的低很多，这对保证发动机工作可靠和具有提高功率潜力而言是有很重要意义的。

MT880 系列发动机改进过程中的主要结构变化可归纳为：缸径从 140mm 增加到 144mm，行程从 136mm 增加到 140mm，从而增加了发动机单缸排量；转速从 3000r/min 增加到 3200r/min，后又降为 3000r/min；燃烧室从传统的预燃室改为直接喷射式。此外还采用有斜度的连杆小头；发电机功率从 20kW 提高到 22.5kW；发电机的传动装置中安装了液力联轴器，使发动机启动时可不带动发电机以减小惯性负荷。该系列发动机的零部件通用性程度比 MB870 系列有了提高，同系列的发动机间 90% 的零部件可以通用。

表 10-2　MT880 系列发动机性能数据

型号	缸数及排列	缸径 / 行程 /mm	标定功率 /kW	标定转速 /(r/min)
MT 881 Ka-500	8V 90°	144/140	735	2700
MT 881 Ka-501	8V 90°	144/140	880	3000
MT 883 Ka-500	12V 90°	144/140	1100	2700
MT 883 Ka-501	12V 90°	144/140	1325	3000
MT 883 Ka-524	12V 90°	144/140	2016	3300

● 增加动力系统使用寿命，降低使用和保障成本

由于动力系统在一辆车辆的成本中占有较大比重，而且其性能与车辆的使用和保障费用密切相关，因此通过升级改造来延长车辆动力系统的使用寿

命，同时降低其使用和保障成本也是外军军用车辆动力升级改造的一项重要内容。

鉴于现役"艾布拉姆斯"主战坦克配用的 AGT-1500 燃气轮机已经超出了其服役期限，美国陆军于 2006 年 1 月开始实施 AGT-1500 燃气轮机"整体集成发动机翻新"（TIGER）计划。该项目由 AGT-1500 燃气轮机的研制商霍尼韦尔公司牵头，并联合美国陆军重型旅级战斗队项目经理（PM-HBCT）、坦克机动车辆与武器司令部（TACOM）和安尼斯顿陆军军械库共同实施，项目的目的是提高现役 AGT1500 燃气轮机的作战可用性、耐久性，并降低其使用与保障成本，使现役"艾布拉姆斯"坦克的寿命延长至 2027 年。

事实上，自 AGT-1500 燃气轮机服役以来，霍尼韦尔公司就通过使用先进的零部件跟踪和报告流程，对美国陆军 AGT1500 燃气轮机的整个器材管理流程进行管理，包括从需求管理、预测规划、订货入库、零部件打包到交付使用，形成了一个完整的闭环流程，确保始终满足美国陆军对该发动机的不断变化的需求。而且，霍尼韦尔公司还通过派遣技术人员亲自到战场维修点为美国陆军提供战场工程保障，来避免发动机过早的返回到军械库维修，并及时地将采集到的发动机战场数据应用到维修和翻新流程中。

在项目实施过程中，每一台发动机的改进都要采用霍尼韦尔公司的用户满意度管理（CSB）流程，霍尼韦尔公司将会审查战场趋势数据，根据项目的整体优化目标确定零部件的改进，然后再开展改进项目的研发和鉴定测试工作，以确保改进能够及时实施。通过使用自动化发动机数据采集系统和六西格玛方法，霍尼韦尔公司的基于实况的维修（FBM）能够提供发动机在平台上的详细运行数据。利用网络数据库，这些数据将有助于提高发动机的耐久性、维修效率和用于需求管理决策，可以为陆军部队提供详细、及时地关于"艾布拉姆斯"坦克的机械状态信息。也就是说，通过 TIGER 项目，美国陆军的各级指挥官能够确切知道每一辆坦克发动机的剩余寿命，从而能够在将其部署到战场前对其进行必要的维修和替换。根据统计，到 2008 年，

TIGER 项目已经帮助美国陆军至少避免了 475 台发动机返回到安尼斯顿陆军军械库维修。除霍尼韦尔公司外，安尼斯顿陆军军械库也将承担部分发动机的维修与翻新工作，其中安尼斯顿陆军军械库负责提供技术工人和设施，霍尼韦尔公司负责提供技术支持，通过优化维修和翻新流程来提高维修工作的一致性。在维修过程中，所有发动机都采用同一标准，以提高进入全面翻新流程的产品直通率。

TIGER 项目实施 5 年来，通过不断的设计改进、采用新的技术、升级发动机零部件和应用先进的维修能力，美军成功将 AGT-1500 燃气轮机的大修间隔时间从 700h 提高到 1400h，并延长了其服役寿命。2010 年，美国陆军将 TIGER 项目的时间又延长了 5 年，从而使得该项目的总合同价值已累积达到 15 亿美元。

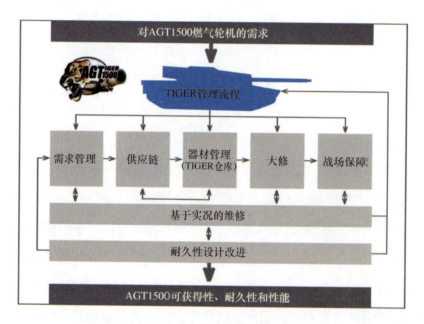

图 10-2 AGT-1500 燃气轮机"整体集成发动机翻新"（TIGER）计划管理流程

第十一章
国外现役武器装备改造的管理与实施

升级改造和新研新制是武器装备建设的两条基本途径。对于武器装备升级改造的管理，也是各国武器装备管理的重要组成部分。

在本书定义的三种类型的升级改造（即现役装备改造、同型号后续改进、已有型号设计改型）活动中，后两类活动无论是美军还是其他国家军事部门一般将它们纳入正常的型号研制管理体系的，鉴于对外军装备研制管理已有很多研究成果，为此本章将重点描述对现役装备改造的管理。

第一节 现役装备改造与采办的关系

在描述现役装备改造的管理之前，首先需要了解一下升级改造与采办的关系。众所周知，国外都有一套较为成熟的采办制度，对武器装备发展实施规范化的管理。以美国的采办制度为例，其武器装备采办过程分为装备方案分析、技术开发、工程和制造开发、生产与部署、使用与保障等5个阶段。

从图中可以看出，升级改造的三种类型都发生在武器装备采办过程的不同阶段（见图 11-1）。其中同型号后续改进、已有型号的改型这两种升级改造类型都属于武器装备的新发展，其发展阶段是始于装备方案分析阶段，也需要进行有关的技术开发、工程和制造开发，并经历生产与部署、使用与保障等阶段，与新研武器装备的采办完全相同，严格遵循武器装备采办制度。而现役装备改造是始于武器装备采办过程中的生产与部署阶段之后，可能一

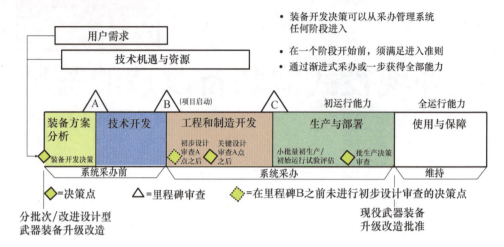

图 11-1 美国国防武器装备采办过程（2008 版）

直延续到使用与保障阶段。为此，不管是哪种类型的升级改造，都纳入了武器装备采办过程，为武器装备采办制度所约束和规范。

第二节 现役武器装备改造相关规定

除了遵循基本的国防武器装备采办政策，对于现役武器装备的改造，有些国家还制定了一些更具体的管理政策，来规范现役武器装备的改造。例如美国对现役武器装备改造已经形成了相对独立的管理体系和政策规章。

> 美国海军的《舰队现代化计划政策》、陆军的《再投资计划管理政策》、空军的《升级改造管理》等政策性文件，对现役武器装备改造的相关政策进行了系统的阐述，成为美国各军种现役武器装备改造政策管理的核心与依据。

这些政策性文件主要对现役武器装备改造作出了详细的规定，包括以下几个方面：

1. 明确现役武器装备改造的权责归属

美国陆军规定，现役武器装备的升级改造必须纳入了"技术再投资"计划中。美国海军明确规定，对于舰艇的任何变化只能通过"舰队现代化项目"进行授权。除了获得"舰队现代化项目"的授权外，禁止对舰艇进行任何形式的改装或者重新布置。

"舰队现代化项目"（FMP）是美国海军专门为舰艇、机械、武备和电子升级改造项目的开发、计划、投资和实施而制定，由海军作战部长（CNO）负责管理。该计划的主要目的是为武器装备提供作战和技术上的改造，以保持作战优势，修复系统性和安全问题，提高协同作战能力，改进平台的可靠性和可维护性，降低船员的工作强度。

外军对武器装备改造的部门权力归属问题进行了明确，规定任何武器装备改造在实施之前必须得到相关权力机构的批准和授权。例如美国海军规定，影响舰艇作战能力的改造只能由海军作战部长批准；硬件系统司令部只能批准非作战能力的改造；舰队司令在获得海上系统司令部的技术认可后，可以批准和授权完成等同于维修的改造。

对于一些特殊武器装备，如战略武器、核动力装置的改造，外军对此也有另外的一些政策规定。例如，美国海军规定，可能影响配置、系统和设备能力系统的战略武器系统改造由战略系统项目主任进行审批；由舰种司令部授权的临时改装要求进行测试与评估；航母飞机弹射与回收设备内部设备改变必须由海军航空系统司令部司令进行审批；核动力推进装置和核动力保障设施的改造必须由海军核推进项目主任进行审批，参与核动力推进设计、后勤保障、物资采购的船厂、主承包商以及海上系统司令部的其他部门必须支持核动力舰艇改造的开发和实施工作等。

2. 规定武器装备改造中应遵循的技术规范

为确保武器装备改造的一致性和持续性，减少武器装备的维修保障费用，外军也会对武器装备改造中的一些技术规范作出规定。例如，美国海军的"舰队现代化项目"规定，考虑到舰艇标准化的问题，某项设备改造获得批准之后，安装了该项设备的所有舰艇的改造也应该获得授权。规定所有改造的完成必须遵循质量、安全和环境规范。

3. 对武器装备改造作出禁止性或强制性规定

为将有限的经费投资到具备改造价值和潜力的武器装备上，外军对武器装备改造对象也作出了一些禁止性规定。例如，美国海军在 1991 年就明确作出规定，禁止使用经费对离退役期只有 5 年时间的武器平台进行改造。除非是海军部长考虑到国家安全的基础上放弃这一限制。但是对于武器平台的安全性改进不包括在这一禁止令中。在 1998 财年中，美国国防部拨款方案将这一禁止令作为永久法定的禁止令。

第三节　现役武器装备改造组织管理体系

作为武器装备采办的一部分，美国现役武器装备升级改造遵循由国防部统一管理、军种负责实施项目管理的多层管理体系。

在国防部层次，基本上是按照国防部采办管理组织体系来实施管理。例如美国"民兵"–3 地地战略导弹武器系统的升级改造方案由国防部主管采办的副部长授权国防科学委员会成立特别研究工作组，论证战略导弹升级改造与发展方向。该特别研究工作组由没有担任任何采办职务的国防部要员、国防科学委员会成员、军界要员、国家实验室研究人员、企业界从事相关研究的人员等组成，由美国空军和海军退役上将共同担任主席。升级改造方案由国防部领导的联合需求监督、国防规划与资源、国防采办等委员会审定升级改造方案；在报请总统与国会批准后监督控制改造方案的实施；由国防部和军种共同组成项目办公室对升级改造计划具体实施。

在军种层次上，尽管军种在部门设置上不尽相同，在现役武器装备升级改造上有一套独立和特色的管理组织体系。但总体上，各军种现役武器装备升级改造的管理组织体系还是依从武器装备采办管理组织体系，基本上是围绕着军种装备司令部——项目执行办公室（PEO）——项目主管（PM）这一主线，既负责武器装备的采办，也负责实施武器装备的升级改造。

美国海军和陆军的升级改造管理体系非常具有代表性，我们将重点予以说明。

1. 美国海军现役武器装备改造组织管理体系

美国海军武器装备升级改造的管理体系承袭采办管理体系，以海军军政部门为主导，从上至下可以为两个层次。上层是以海军作战部为核心的行政管理体系，负责武器装备升级改造的统筹管理。下层是以三大系统司令部为核心的工程管理体系，负责武器装备升级改造项目的具体实施。

● 行政管理体系

美国海军武器装备改造行政管理体系的核心是海军作战部，负责装备改造的统筹管理。其装备改造项目行政管理组织体系和经费流向如图 11-2 所示。从图中可以看出，从海军作战部长到海军作战副部长、空间与电子战主任，到各大系统司令部，最终归于海上系统司令部，这些部门之间既有分工，又有合作。

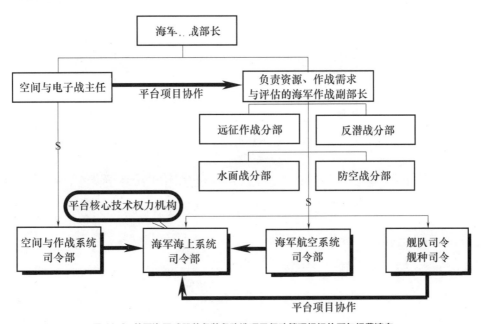

图 11-2　美国海军武器装备装备改造项目行政管理组织体系与经费流向

海军作战部长拥有对改造项目的审批权和管理权。其具体职责包括制定改造项目年度计划、编制海军改造项目预算、制订所有关于改造项目计划与执行的政策、公布官方改造计划等。

在海军作战部长下辖的十多个部门（见图 11-3）当中，主要有两个部门负责武器装备改造管理工作，分别是负责资源、作战需求与评估的海军作战副部长（N8）和空间与电子战主任（N6），其中副部长主要负责舰艇平

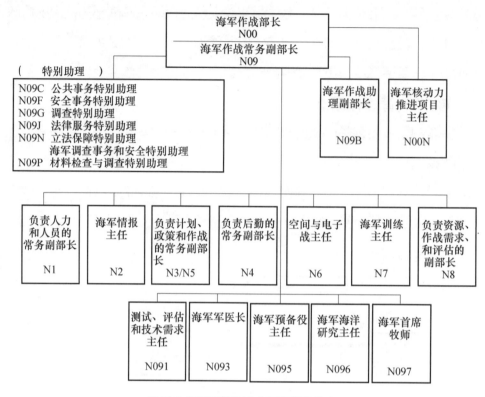

图 11-3 海军作战部长办公室管理组织体系

台改造项目的管理工作，而空间与电子战主任负责舰载电子设备及系统改造项目的管理工作。其他参与改造工作的部门也较多，如核动力办公室主任负责核动力推进装置的改造等。

负责资源、作战需求与评估的海军作战部副部长（N8）是改造项目具体负责人。副部长的主要职责包括在改造项目的计划制定和预算编制过程中，协调海军作战部各个部门之间的工作；确保改造项目能够与资源需求评审委员会（R3B）进行的联合使命领域/保障领域（JMA/SA）评估所确定的海军能力发展重点相一致；负责建立、监督和领导改造项目工作组，使项目工作组能够在舰艇性能改进小组（SCIP）的支持下，对改造项目进行协调、管理和监督。

海军作战部副部长（N8）下辖9个部门（见图 11-4），其中远征作战分部（N85）、水面战分部（N86）、反潜战分部（N87）和防空战分部（N88）

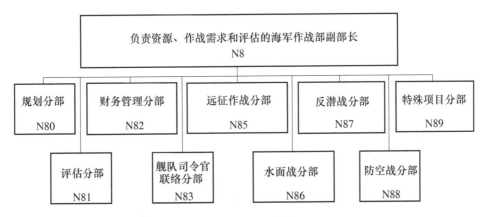

图 11-4 N8 的管理组织体系

作为出资单位参与到改造项目当中。这四个部门的主要职责包括：根据联合使命 / 保障领域评估所确定的海军发展重点，准备水面舰艇、辅船、潜艇和航母的改造计划，并提交舰艇改造工作组；确定需求、提出性能指标以及为水面舰艇、辅船、潜艇和航母改造项目投资；为自己所管辖的舰艇的改造制定相应的规划与计划，以及批准项目的变更；为舰艇改造工作组派遣代表等。

空间与电子战主任（N6）具体负责电子设备系统改造的管理工作。在海军作战部管理组织体系中，空间与电子战主任与负责资源、作战需求与评估的海军作战部副部长（N8）处于同一级别。在改造项目中，空间与电子战主任的主要职责包括：根据联合使命领域 / 保障领域评估所确定的海军能力发展重点，准备舰艇平台 C^4I 改造项目计划，提交给舰艇改造工作组；为相关的 C^4I 系统改造提供经费；为自己所管辖 C^4I 改造制订相应的规划与计划，以及批准项目的变更；为舰艇改造工作组派遣代表等。空间与电子战主任在海军作战部长的领导下，在舰艇改造项目上为 N8 提供电子设备及系统方面的支持。

由于很多武器装备（如电子设备系统、航空设备）的改造最终还是服务于舰艇平台，为此舰艇改造项目以海上系统司令部（NAVSEA）为主导进行。

海上系统司令部是海军作战部下辖五大司令部[①]之一，负责与舰艇平台改造有关的一切技术事宜。其他司令部如负责实施舰艇电子设备系统改造的空间与作战系统司令部（SPAWAR）、负责实施舰艇平台航空设备改造的海军航空系统司令部（NAVAIR），为共同为海上系统司令部负责的舰艇改造项目提供技术支持。

为更有效地使改造项目反映作战部队的需求，在美国海军武器装备改造行政管理组织体系中也引入了舰队司令（FLTCINC）与舰种司令（TYCOM）。它们的建议或者意见也直接反映到海上系统司令部，以便在武器装备改造中加以改进。同时舰队司令官和舰种司令也可以根据自己的需求，向作战部长提出变更改造计划的要求。

● **工程管理体系**

美国海军现役武器装备改造工程管理体系的核心是三大系统司令部。在海军作战部辖下的五个系统司令部中，海上系统司令部、海军航空系统司令部、海军空间与作战系统司令部不仅是相关领域武器装备的采办机构，也是相关领域武器装备改造的执行机构。

海上系统司令部（NAVSEA）是美国海军所有舰艇和潜艇平台改造的核心技术权力机构。主要职责包括：就舰艇改造事宜向海军作战部长、舰队司令、舰种司令和其他系统司令部提供技术咨询；协调航空系统司令部、空间与作战系统司令部、舰队司令和舰种司令所管辖的改造工作；准备、提交和执行 K 类舰艇改造[②]、武器、机械和适当的电子设备、作战系统等改造的预算；参加海军作战部召开的舰队改造会议以及提供支持；为舰艇改造采购物资；在海军作战部出资单位（如水面战分部）的指导下进行改造费用与可行性研究、执行舰艇改造计划等。

[①] 五大系统司令部为：海军海上系统司令部、海军航空系统司令部、海军空间与作战系统司令部、海军设施工程司令部和海军后勤系统司令部。

[②] K 类舰艇改造是指使舰艇具备新的军事能力、升级现有系统或赋予舰艇新能力的永久性改造。

海军航空系统司令部和空间与作战系统司令部分别是航空设备和电子设备系统改造的技术权力机构。主要职责包括：启动与批准在各自司令部管辖范围内的所有系统或设备级的技术改进；为所管辖的改造提供技术咨询；在各自司令部管辖范围内为改造采购物资；协调海上系统司令部舰艇项目主管所管辖的计划、设计和安装要求；准备、提交、执行K类舰艇改造的预算；参加海军作战部召开的舰队改造会议以及提供支持；在海军作战部出资单位（如水面战分部）的指导下进行改造费用与可行性研究等。

在三大系统司令部中，又分别下设了多个项目执行办公室（PEO），负责具体的武器装备的采办和改造工作。以海上系统司令部为例，下设有5个项目执行办公室，分别是主要负责非核水面舰艇采办与改造的舰艇项目执行办公室、航母项目执行办公室、潜艇项目执行办公室、综合作战项目执行办公室、近海与水雷战项目执行办公室。在项目执行办公室下，还设立有专门的项目主管（PM）来负责具体项目的采办和改造。例如在航母项目办公室下设在役航母项目主管和CVN-21新航母项目主管。具体管理组织体系见图11-5。

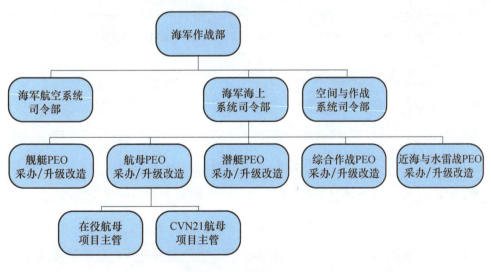

图11-5 美国海军海上系统司令部改造管理组织体系

项目执行办公室是美国海军以平台或系统为核心构建的单一化武器装备项目管理机构。它既负责武器装备的采办工作，也负责武器装备的改造工作。在项目执行办公室就具体项目下设有舰艇项目主管，例如 DDG-51 驱逐舰项目主管、近海战斗舰项目主管等。具体管理组织体系见图 11-6。

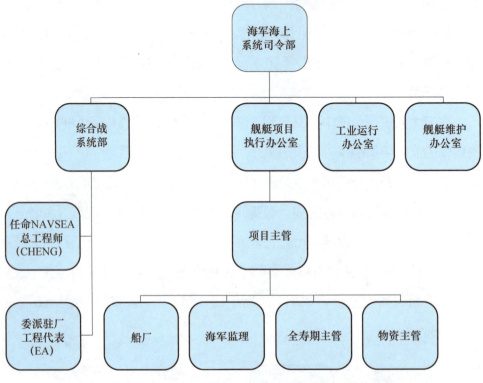

图 11-6 美国海军海上系统司令部实施改造项目的实施管理组织体系

舰艇项目主管是舰艇改造项目工作的主要协调人。其主要职责包括：对船厂、全寿期主管、海军监理、物资主管等各个部门的工作进行协调；进行项目费用的预算；对所有舰艇改造的设计和开发工作进行最后审批等。舰艇项目主管还可根据综合作战系统部指定的技术政策、标准和流程，就一些技术问题向工程代表质询。舰艇项目主管下辖的船厂主要是负责舰艇改造工作。海军监理主要是负责对船厂行为进行监督，以避免影响工程质量、费用、和进度。全寿期主管主要责任是对改造项目中所用设备进行全寿期的技术维护和后勤保障。物资主管主要职责是确定改造项目某一财年的预算以及采购改造项目所需的物资等。

海上系统司令部的其他一些部门也支持舰艇项目执行办公室的工作，主要有综合作战系统部、工业运行和舰艇维护办公室（NAVSEA 04X/04M）等。其中综合作战系统部的主要职责是通过为舰艇改造项目建立技术政策和流程，使得整个舰艇改造过程所采用的技术能够集成和兼容。综合作战系统部也负责任命舰艇改造项目的总工程师（CHENG）和工程代表（EA）。总工程师负责在海上系统司令部范围内的技术授权和技术决策审查。而工程代表主要职责是在自己的技术领域进行监督和技术授权。

工业运行和舰艇维护办公室主要从事一些辅助性的支撑工作。其中工业运行办公室主要进行船厂的管理。舰艇维护办公室主要是维护舰艇改造项目相关信息系统和数据库等。

2. 美国陆军现役武器装备改造组织管理体系

美国陆军在《陆军采办政策》中规定："对于尚在生产中的项目的改进，则直接纳入到原项目的采办程序之中，例如渐进式采办。"

美国陆军对于新研新制武器装备的升级改造的管理，已经被融入到了渐进式采办管理的体系之中。而对于现役武器装备的升级改造，美国陆军则将其按照两部分管理，一种是常规的装备改造项目（Modification Program），其对象包括陆军所有的武器装备和系统；第二种是"再投资"（Recapitalization）计划，美国陆军对该计划的定义是：通过对现有装备进行"翻新"和"有选择的升级"，使其满足战备要求并达到"零时间 / 零里程"（Zero Time, Zero Miles）的新装备标准，"再投资"计划的主要改造对象是陆军的机动作战平台，例如坦克、步兵战车、自行火炮和直升机等。

对于常规的装备改造，根据美国陆军部发布的《装备改造项目》文件，其管理体系主要由 15 个部门和人员组成。

美国陆军装备改造管理体系组成：
◇ 陆军负责采办、后勤与技术的副部长
◇ 陆军负责财政管理和审计的副部长
◇ 陆军参谋部 G-3/5/7 分部的副参谋长
◇ 陆军参谋部 G-4 分部的副参谋长
◇ 陆军参谋部 G-6 分部的首席信息官
◇ 陆军参谋部 G-8 分部的副参谋长
◇ 装备研发机构
◇ 陆军装备司令部总司令
◇ 各主要陆军部队司令
◇ 陆军训练与条令司令部司令
◇ 中心技术保障工厂
◇ 陆军测试与评估司令部司令
◇ 设施管理局主管
◇ 陆军装备司令部主要下属司令部改造工作指令协调员
◇ 陆军安全援助司令部司令

在这一管理体系中，陆军装备司令部和装备研发机构是其主要组成部分。其中，陆军装备司令部主要肩负管理和监督职责，是陆军装备改造项目的最高领导和决策机构，负责主持陆军年度装备改造工作协调会，监督装备改造的实施和部署过程，负责就装备改造工作与陆军部总部、设施管理局、陆军国民警卫队和陆军预备役司令部进行协调。

装备研发机构则是陆军装备改造项目的直接管理方，其职责主要包括以下方面：

装备研发机构的职责：
◇ 与陆军负责作战和训练的主管人员就将会影响装备形式、功能、电磁特性、安全性和后勤保障的改造建议进行协商；
◇ 确定装备改造工作的急需程度，例如是特急级、紧急级还是常规级；
◇ 负责装备改造计划的制订、预算的确定以及改造的实施；
◇ 负责制定改造装备的部署计划；
◇ 与负责平台和负载的装备研发机构相互协调，确保在改造中增加的功能不会降低原系统的性能、安全性、可运输性，确保改造能够实现预期的功能；
◇ 出席由陆军装备司令部总司令主持的年度装备改造项目协调会。

对于纳入"再投资"计划的装备改造项目，则需要按照"再投资"计划的相关管理政策和程序管理。根据美国陆军颁布的《再投资计划管理政策》，参与美国陆军再投资项目管理的部门和人员共有 18 个。

美国陆军再投资项目管理的部门和人员包括：
◇ 国防采办执行委员会（DAE）
◇ 陆军采办执行委员会（AAE）
◇ 陆军副参谋长（VCSA）
◇ 陆军负责采办、后勤与技术的副部长
◇ 陆军负责财政管理和审计的副部长
◇ 首席法律顾问
◇ 负责 C^4 的信息系统主管
◇ 首席法律联络员办公室
◇ 陆军负责后勤的副参谋长
◇ 陆军负责作战的副参谋长
◇ 陆军负责计划的副参谋长
◇ 国民警卫局局长（NGB）
◇ 陆军预备役部队司令（CAR）
◇ 陆军装备司令部（AMC）
◇ 训练与条令司令部（TRADOC）
◇ 陆军成本和经济分析中心（CEAC）
◇ 项目执行官（负责系统采办的代表）
◇ 项目／计划／产品经理（PM）和武器系统管理人员（WSM）

也就是说，上述 18 个部门和人员是美国陆军武器装备"再投资"计划管理体系的基本组成部分。在管理结构上，这些管理部门和人员又被分成 4 个部分，分别是主管委员会（Board of Directors）、总体工作组（GOWG）、上校委员会（Council of Colonels）和陆军部总部及陆军装备司令部再投资小组，其结构组成见图 11-7 所示。

在这一管理体系中，陆军采办执行委员会、陆军副参谋长、陆军负责采办、后勤与技术的副部长、陆军装备司令部、项目执行官以及项目／计划／产品经理（PM）是其主要组成部分，他们在武器装备升级改造项目中肩负主要管理职责。

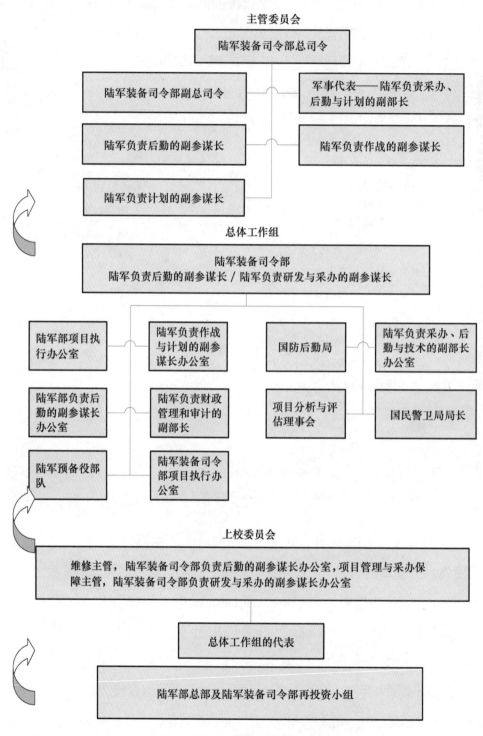

图 11-7 美国陆军"再投资"计划管理体系

陆军副参谋长和陆军负责采办、后勤与技术的副部长主要肩负监督职责，负责对武器装备升级改造项目进行陆军级别的年度审查。其中陆军副参谋长是武器装备升级改造项目的最高决策长官。

> 陆军副参谋长的职责和权利主要包括5个方面：
> ◇ 对武器装备升级改造项目的需求验证、项目优先性排序和项目部署的审批进行监督；
> ◇ 与陆军采办执行委员会一起，对整个装备升级改造项目的工作进行季度审查；
> ◇ 与陆军采办执行委员会一起，共同批准和确定所有参与升级改造项目的候选武器系统；
> ◇ 对于不符合陆军升级改造项目标准的系统，与陆军采办执行委员会一起共同实施对该系统升级改造项目的否决权；
> ◇ 与陆军采办执行委员会一起，共同批准所有的《再投资项目基准文件》、对《再投资项目基准文件》的更改和重新制定的《再投资项目基准文件》。

陆军装备司令部和项目执行官以及各主要陆军司令部主要肩负武器装备升级改造的执行责任，在项目启动和具体实施中负领导责任。其中，陆军装备司令部是陆军武器装备升级改造项目具体实施的最高管理部门，全面负责武器装备升级改造项目在实施过程中的管理和协调。

> 陆军装备司令部的管理职责主要包括以下几个方面：
> ◇ 全面负责武器装备升级改造项目在实施过程中的管理和协调；
> ◇ 负责武器装备升级改造项目相关文件标准的制定，例如《再投资项目基准文件》的格式和指南，综合项目总结（IPS）的格式和指南；
> ◇ 行使武器装备升级改造项目的审查和监督权，包括项目决策审查，季度审查，效费比分析审查，以及对由项目/计划/产品经理（PM）准备的成本权衡分析的审查；
> ◇ 项目经费的管理权，包括按照陆军部总部批准的《再投资项目基准文件》，为项目/计划/产品经理拨付所有分配的再投资使用与维修费用资金，并享有最高为500万美元的调整权限；
> ◇ 替代陆军副参谋长行使事件调查权，包括项目在实施中是否违反了《再投资项目基准文件》，在终止项目之前，调查该项目的系统的升级改造是否满足再投资项目的标准。

项目执行官是陆军武器装备升级改造项目具体实施的管理人员，是介于武器装备司令部和项目经理之间的中间管理层，任务是配合武器装备司令部开展各项工作。

项目执行官的主要职责包括：

◇ 具有对项目经理的直接管理权，包括管理项目经理在所有武器装备升级改造项目中的工作，与陆军装备司令部/主要下属司令部和项目/计划/产品经理一起，参与《再投资项目基准文件》的签署；

◇ 与陆军装备司令部一起，参与武器装备升级改造项目的决策审查；

◇ 参与项目经费的管理，包括按照《再投资项目基准文件》，为项目经理拨付分配的资金（包括使用与维修费用和研发与采办费用），同时也是研发与采办费用调整的授权方；

◇ 协同陆军装备司令部开展相关调查工作，包括检验参与升级改造项目的系统配置是否满足再投资项目的标准。

3. 美国空军现役武器装备改造组织管理体系

美国空军参谋部是空军最高的指挥机构，它负责指定空军建设计划大纲，负责空军的技术装备，是美国空军航空武器装备升级改造的顶层管理和决策部门。美国空军共有九个一级司令部，分别是：空中作战司令部、空中机动司令部、空军装备司令部、空军航天司令部、空军特种作战司令部、空军训练和教育司令部、空军情报司令部、驻欧空军司令部和太平洋空军司令部。其中装备司令部是空军一个重要司令部，其任务是管理空军计划的研究、发展、试验与采办工作，并为空军武器装备提供后勤保障，他们还进行科研和后方维修，为现有的武器装备系统提供技术保障，保证和管理作战使用系统的安全性、完好性及适用性。空军装备司令部负责管理空军武器装备系统"从生到死"的全过程。对重要的研制或生产的武器系统，分别由4个产品中心负责管理。这些中心主要负责升级改造武器系统的研制、采办、试验与部属。美国空军航空武器装备升级改造中的关键人物"项目经理"就属于空军装备司令部。

美国空军中与升级改造管理相关的主要责任机构和人员包括：牵头司令部、空军参谋部、项目经理等，下面简单介绍上述职能机构的职责。

● 牵头司令部

所谓的牵头司令部，是指当美国空军几个司令部列装的同型航空武器装备均有升级改造需求时，美国空军所确定的一个领导与协调其全部升级改造工作的司令部。升级改造管理流程起始于牵头司令部的升级改造需求申请，美国空军规定牵头司令部的职责首先就是指定一个第一责任办公室（OPR），在用户论证的全过程跟踪和监督升级改造需求，并建立、领导负责评审、论证和（或）确认升级改造需求的技术状态评审委员会（CRB）。牵头司令部还要与其他相关司令部/机构协调升级改造涉及的全部工作，并向项目经理送达经论证的可实施的升级改造意见，同时协助项目经理进行项目投资的定义、规划和预算（包括相关的研究、发展、试验和评估、初始零备件和技术数据），为获得所需的升级改造投资进行辩护。最后，牵头司令部还要参与技术规程（TO）和时序技术规程（TCTO）的确认与评审，并参与评审后的技术规程更改。

● 空军参谋部

空军参谋部的管理职责主要是在现有项目指南不含经确认/获批的永久性升级改造需求时，发布新的或修订现有的项目管理指南（PMD），在规划、计划和预算系统（PPBS）流程中为升级改造项目进行辩护，保证项目获得预算，同时针对每个升级改造项目发布所需的预算文件，评审以及批准/拒批将多于5个的产品构型（CI）纳入1项临时性（T-1）升级改造的申请，及时向单一主任提供精确的军力数据。

● 项目经理

美国空军每型航空武器装备的升级改造均由一名项目经理专职负责，其职责贯穿于整个升级改造全过程，是职责最多、也是最烦杂的人员或机构。

项目经理的职责主要包括：
◇ 建立全程跟踪经论证的升级改造提案所需的手段，从技术状态控制委员会（CCB）正式批准实施升级改造到其完成的全过程；

◇ 建立评估和管理升级改造提案的综合产品组（IPT）；

◇ 进行工程评审和调研，包括初步可行性评估和（或）工程研究；

◇ 根据空军文件《风险管理》完成风险评估，识别如下领域的风险：威胁、技术、费用、进度、工程、后勤、制造和承包商能力等；

◇ 提出初步的预算费用信息（BCI）估算，至少要考虑以下各领域：研究和工程研制、模拟器／训练设备需求、初始飞行员和（或）维护训练、试验设施、通用和特种保障设备、工程数据变更、时序技术规程、技术手册变更页码／修订情况、初始零备件、战备零件包（RSP）、成套设备与组装和人力（成套设备启封、分解、安装、重新组装和使用检查／试验）；

◇ 在项目各阶段，项目经理将重新评估里程碑决策者建议，准备里程碑决策者审批文件并在升级改造完成时告知里程碑决策者；

◇ 制定、维护和实施批次升级改造策略，确定哪个升级改造批次应纳入考虑之中；

◇ 为技术状态控制委员会制订、准备文件，并指导技术状态控制委员会；

◇ 制订包含所有关键领域的管理规划，并确认项目管理、实施和监督所需的核心文件，管理规划应是一份单独的文件，否则要按空军联邦采办规章补充条例的要求被纳入采办规划／单一采办管理规划（SAMP）；

◇ 负责协调那些对多个项目经理管理的产品构型产生影响的升级改造提案，各有关项目经理之间将签署协调责任协议备忘录；

◇ 实施升级改造项目并保证恰当地完成所需的重新确认；

◇ 保证技术数据的更改得到论证与核验，并在生产安装启动之前随验证书一同纳入相关手册；

◇ 按现行政策为升级改造配套安排指定维修源（SORAP）；保证指挥、控制、通信和情报（C^4I）系统升级改造时满足现行政策规定的标准化、一体化和兼容性。

第四节　现役武器装备改造的实施

在上一节中，我们知道升级改造是纳入了武器装备采办过程，为武器装备采办制度所约束和规范。

在美国，武器装备的采办主要由三大顶层决策制度决定，即规划、计划、预算、执行制度（PPBE）；联合能力集成开发制度；国防采办制度。美国国防部通过这三项制度，制定战略，判定军事能力需要，确立装备采办计划和具体项目，编制装备发展预算。作为武器装备采办的一部分，升级改造的管理与决策也在顶层上接受这三项制度的约束。这三项制度同时也代表着作战部门、规划部门、采办执行部门在武器装备发展过程中的职能和作用。因此，现役武器装备的升级改造从需求提出、项目论证、实施管理的全过程，实际上也是在作战部门、规划部门、采办执行部门共同作用下完成的。

1. 现役武器装备改造的需求提出

从国外武器装备发展实际情况来看，提出武器装备改造需求主要来自以下几个方面：

● 作战部门

在各种需求中，作战部门提出了武器装备改造需求占据了主导地位。作战部门主要根据武器装备的使用情况、服役年限等方面考虑，来提出武器装备改造需求，并将这一需求反映给各军种负责装备采办和管理的部门。例如，美国陆军在海湾战争后改造的"沙漠风暴"行动型"布雷德利"步兵战车，在伊拉克战争后为频频遭受袭击的"悍马"车加装装甲的改造活动。这些需求往往都是由美军一线作战部队提出的。

● 装备采办和管理部门

装备采办和管理部门主要根据海军战略、体系建设、作战能力等需求，来提出武器装备改造的长远规划。又如陆军部负责装备发展的副部长和陆军装备司令部（AMC），他们通常会根据美国整体军事战略的需要和陆军发展战略的需要提出武器装备的升级改造需求，这些需求往往规模较大、周期较长，一旦计划实施，会对陆军整体作战能力的提升产生较大影响。例如数字化改造，这项改造已经持续了多年，涉及"艾布拉姆斯"主战坦克、"布雷德利"步兵战车、M109 自行榴弹炮、M270 多管火箭炮、"阿帕奇"武器装直升机等陆军几乎所有的主战装备，产生了 M1A2 主战坦克、M1A2 SEP 主战坦克、M2A3 步兵战车、M109A6"帕拉丁"自行榴弹炮、M270A1 多管火箭炮等一批具有代表性的数字化武器装备。

美国海军的"智能舰"项目最初由海军研究咨询委员会（NRAC）在1995年10月向海军作战部长提出减少舰员的报告而引出的。该项目主要是演示和论证减少人力需求与全寿期成本的技术。按照美国海军的计划，在经过"约克城"号智能舰的技术验证与概念演示阶段后，将对23艘巡洋舰和32艘驱逐舰的智能化改装工作，并计划开发新的智能舰技术，应用于下一代DDG-1000驱逐舰和航母上。

● 国会

国会一般是根据国家的某些战略需求，以行政以及专项拨款等手段，向军方提出需要对某项战略性武器装备进行升级改造的要求或建议。特别是国会会从经费考虑来否决军方的某些新项目，而建议军方取而代之对某些现役武器装备进行升级改造。

美国"俄亥俄"级弹道导弹核潜艇改装为巡航导弹核潜艇项目，最初是1994年克林顿政府根据核裁军协议计划建议削减战略核力量所引发的。核裁军建议促使美国国会议员们考虑将4艘"俄亥俄"级弹道导弹核潜艇改装为非战略性的巡航导弹核潜艇。在与新任海军部长乔丹·英格兰交换意见后，由华盛顿政府的国会议员诺曼·迪克斯在2001年7月正式宣布这一改造项目[3]。

● 工业部门

利益驱动是工业部门提出武器装备改造需求的主要出发点。为了持续获得军方的合同以及推销自己的产品，工业部门会积极游说军方将新的技术成果应用于新型武器装备的研制或对老旧武器装备进行升级改造。例如，美国陆军协会每年年终都会召开一次年会，在这次年会上，各主要军工企业都会竞相展出自己最新的技术研发成果，其中不乏大量对现役装备的升级改造方案。

在LM-2500燃气轮机30多年的发展历程中，其生产商通用电气公司为满足水面舰艇对更大功率、更高效率燃气轮机的需要，一直引入当代最先进的技术对LM-2500燃气轮机进行改造，在保持原有机型设计先进、可靠性和利用率高的基础上，开发出多种舰用燃气轮机，以期扩大在舰用燃气轮机市场上的占有率。

---

③ Pacific Life Research Center,《Trident SSGN Conversions: Arguments Against Deploying Tomahawks On Trident Submarines》,31 January 2003.

2. 现役武器装备改造的项目论证

武器装备改造的需求提出后，将围绕着美国国防部的"联合能力集成与开发制度"的各种规定，进入各军种的论证与决策程序。

美国海军早在 1995 年就构建了一套完整的论证与决策流程（见图 11-8），来帮助作出是否进行改造的决策。美国海军现役武器装备改造项目的论证与决策由资源与需求评审委员会（R3B）负责。评审委员会由负责资源、作战需求与评估的海军作战部副部长（N8）担任主席，其他成员包括海军作战部各部门的领导、各系统司令部司令以及海军陆战队的领导等。在海上武器装备能否满足海军现有或者未来作战能力需求的基础上，资源与需求评审委员会综合考虑现有的资源（如经费）、作战需求、其他部门的评估意见，作出是否对武器装备进行改造的决定。同时资源与需求评审委员会也会考虑改造项目是否适合战略计划以及改造项目的费用变化。

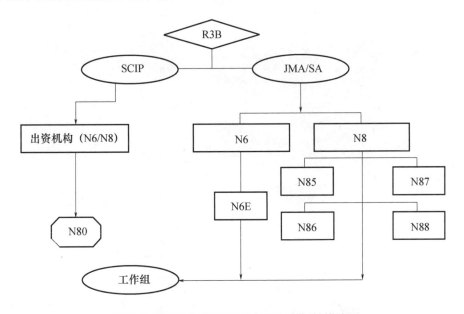

图 11-8　美国海军改造项目从需求论证转变为计划的流程

由于资源与需求评审委员会做出的决策是建立在武器装备能够满足海军现有或者未来作战能力需求的基础之上。为此，评估武器装备的能力就成为美国海军改造论证与决策过程中的关键环节。为确定武器装备能否满足美国海军现有或者未来的作战能力需求，资源与需求评审委员会会对武器装备进行联合使命领域评估 / 保障领域评估（JMA/SA）。联合使命 / 保障领域评估是美海军为评估武器装备能力而建立的一种评估模型（见图 11-9），用于评估武器装备在联合作战环境下的能力，从中确定能力缺陷，以便未来进行改造。

> 该评估模型为 7 列和 4 行的矩阵，其中联合使命领域包括联合打击、联合近海、联合侦察、联合空间与电子战 / 情报、联合战略海运 / 投送、战略威胁、前沿存在等 7 项，保障领域包括指控与侦察、战场优势、兵力投送、部队维持等 4 项。

联合使命领域
主要作战能力矩阵

主要作战能力	联合打击	联合近海	联合侦察	联合SEW/情报	战略海运/投送	战略威慑	前沿存在
指挥与侦察	C3,I,OS,SEW,NSW	C3,I,OS,SEW,NSW	C3,I,OS,SEW,NSW	C3,I,OS,SEW,NSW	C3,I,OS,SEW,NSW	C3,I,OS,SEW,NSW	C3,I,OS,SEW,NSW
战场优势	STK,ASUW,AAW,SEW,ASW,MIW,OS,C3,I,NSFS,TBMD	ASW,AAW,MIW,SEW,AMW,ASUW,OS,STK,NSW,C3,I,NSFS,TBMD	OS,SEW,AAW,ASUW,ASUW,NSW,MIW,C3,I	SEW,OS,NSW,ASW,C3,I,MIW	ASW,AAW,ASUW,MIW,SEW,OS,NSW,LOG,TBMD,C3,I	STRATEGIC,ASW,OS,AAW,SEW,MIW,AMW,ASUW,C3,I,TBMD	AAW,ASUW,ASW,AMW,NSW,SEW,MIW,STK,C3,I,OS,NSFS,TBMD
兵力投送	STK,ASUW,SEW,NSW,NSFS,TBMD,C3,I	AMW,MIW,STK,SEW,NSW,ASUW,C3,I,NSFS,TBMD	SEW,NSW,OS,C3,I	SEW,NSW,C3,I	LOG,ASUW,STK,AMW,SEW,C3,I,TBMD	STRATEGIC,STK,AMW,ASUW,SEW,C3,I,TBMD	AMW,SEW,NSW,AAW,ASUW,ASW,C3,I,SEW,NSFS,TBMD
部队维持	LOG,C3	LOG,C3	LOG,C3	LOG,C3	LOG,ASW,ASUW,AAW,AMW,MIW,OS,C3	STRATEGIC,LOG,C3	LOG,C3

基本作战任务
STK-打击　　　TBMD-战区导弹防御
AMW-两栖战　ASUW-反舰战
NSFS-海军水面火力支援
ASW-反潜战
AAW-防空战
MIW-水雷战

保障作战任务
SEW-空间与电子战
C3-指控与通信
I-情报
OS-海洋监视
LOG-后勤
NSW-特种作战

图 11-9　联合使命领域主要能力矩阵

所有的改造项目或平台，不管是新服役或已服役的平台，都需要用联合使命 / 保障评估矩阵模型，评估武器装备在联合作战环境中的能力缺陷，整个流程如图 11-10 所示。在联合使命 / 保障评估矩阵模型评估流程中，改造项目经过如远征作战分布、水面战分部等各个管辖部门从上至下就多种能

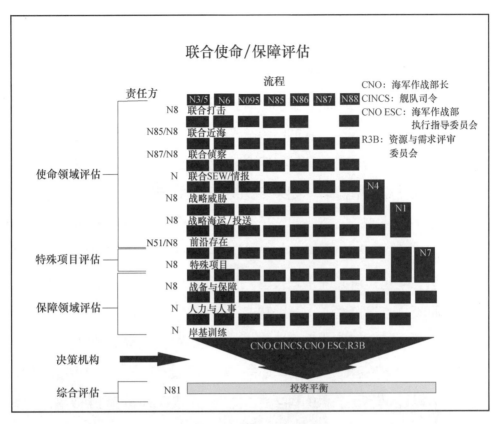

图 11-10 联合使命 / 保障评估流程

力（如联合打击、战略海运）进行联合评估后，再交由海军作战部长（CNO）、
舰队司令（CINCS）、资源与需求评审委员会（R3B）、海军作战部执行指
导委员会（ESC）进行综合评估和权衡，最终形成一个统一的改造项目投资
战略。美国海军将这一过程称之为投资平衡审查。最后，投资平衡审查由海
军作战部副部长（N8）下设的评估分部（N81）负责具体落实。所形成的投
资战略的目标是制订出一个相互协调的改造计划，满足海军在能力与需求之
间的平衡，在未来有能力执行各种使命。

　　在联合使命领域 / 保障领域评估所确定的宏观需求或者能力缺陷的基础
上，一些出资单位（N6、N85、N86、N87、N88）将确定舰艇改造的范围
和内容，并向改造项目工作组提交改造计划，舰艇改造计划由负责舰艇或
装备的出资单位在自己的职责范围内来完成。工作组将改造计划报送舰艇

性能改进小组（SCIP）研究审议以及综合，形成海军部海军作战部舰艇改造计划重点。出资单位的经费安排必须与海军作战部副部长下辖的规划分部（N80）颁布的计划指导文件相一致。

美国陆军也有一套相对完整的武器装备改造论证与决策程序。根据制定的《装备改造项目》文件，在武器装备改造的需求提出以后，装备研发机构会首先对所有改造需求的必要性进行论证，如果否决某项改造需求，则必须向该需求的提出方给出解释。如果接受改造建议，装备研发机构就必须和作战研发机构一起，共同对这一建议开展进一步论证。论证的第一步是首先确定是采用装备方案还是非装备方案来满足这一改造需求，装备方案即对装备进行改造；非装备方案即不改造装备，而只是由作战研发机构改变条令、战术、训练或部队编制结构，以满足需求。

如果确定选择对装备进行升级改造的方案，对于一些服役时间较长、涉及改造数量较多的装备，美国陆军还会对装备改造的效费比进行定量计算和分析，以保证装备改造决策的科学性，提高装备改造资金的利用效率，降低项目风险。

例如，为了为装备改造提供决策依据，美国陆军分析中心（CAA）专门进行了"陆军装备改造投资策略"研究。这项研究的目的，是根据美国陆军现役装备的服役状况，构建一个合理的数学模型，通过定量计算和分析，确定出每种装备在其寿命周期内最佳的改造速度。美国陆军认为，判定一种装备是否值得改造的依据是：该装备的全部持有费用（全部持有费用＝使用与保障费用＋改造费用）低于该装备在不改造情况下的寿命周期内的使用与保障费用。而且美国陆军通过研究认为，如果满足以下三个条件，则对该装备改造就是"划算"的，即：a. 在装备的寿命期内改造时间有限；b. 当该装备每年的平均使用与保障费用增长超过 2% 时；c. 当该装备每年的使用保障费用与其改造费用的比超过 5% 时。通过这种定量化的分析和计算，美国陆军基本可以确定出一种装备最具效费比的改造方案，可以知道什么时候开始对装备实施改造、改造多少，以实现该装备全部持有费用的最小化。图 11-11 所示为美国陆军经过分析后得出的"布雷德利"步兵战车在不改造和经过最优化改造后的每年的持有费用情况。

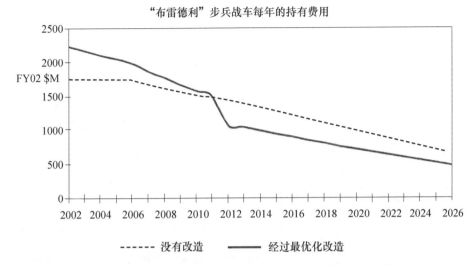

图 11-11 "布雷德利"步兵战车不改造和经过最优化改造后每年的持有费用

3. 现役武器装备改造的实施管理

通过多年的实践，外军现役武器装备改造已经建立起规范化的流程，来加强对武器装备实际操作过程的管理。下面以美国海军、陆军和空军三个军种的武器装备升级改造管理过程作为典型加以介绍。

● 美国海军现役武器装备改造典型管理流程

美国海军在 2006 年 4 月发布的新一版 "水面舰艇／航母改造计划"，将舰艇改造过程划分为概念分析阶段、初步设计、详细设计、执行、安装检测与反馈等五个阶段。

第Ⅰ阶段为概念分析阶段。该阶段的主要目的是确定舰艇改造的需求，提出概念方案，并将概念解决方案进一步开发形成能够工程应用的舰艇改造方案。

第Ⅱ阶段为初步设计阶段。该阶段的主要目的是启动舰艇改造的设计工作，进行舰艇改造的初步设计开发，在获得批准后继续进行详细设计。在初步设计开发时，所进行论证工作包括技术的选择、设计参数的建立和原型的开发。在第Ⅰ阶段获得批准之后，第Ⅱ阶段的经费将纳入改造计划预算中。在获得第 1 决策点的批准之后，相关职权部门就可决定舰艇改造进入Ⅱa阶

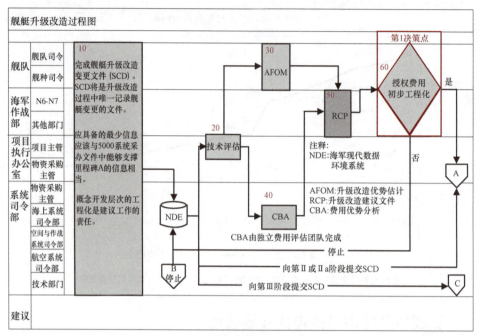

图 11-12 舰艇改造过程第Ⅰ阶段

段。只有当建议的舰艇改造设计已经成熟，可以进入第 2 决策点（并不要求进入第 2 决策点）时，才需要启动第Ⅱa阶段。第Ⅱa阶段结合了第Ⅱ和Ⅲ阶段的开发与检查过程，并在第 3 决策点结束。

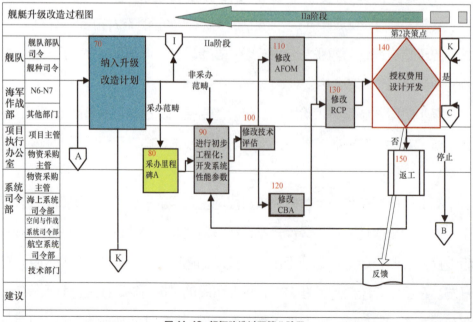

图 11-13 舰艇改造过程第Ⅱ阶段

第Ⅲ阶段为详细设计阶段。该阶段的主要目的是完成舰艇改造详细设计开发。一旦获得第3决策点的批准，舰艇改造将纳入舰艇项目主管授权书的授权或规划部分。只有当舰艇改造纳入舰艇项目主管授权书中后，第Ⅳ阶段的改装安装工作才能开始。在进入第3决策点时，舰艇改造文件中的技术数据的详细程度必须与初步的舰艇安装图或初步安装控制图相同。在第Ⅱ阶段通过第2决策点时，第Ⅲ阶段的经费将纳入改造计划预算中。

在第3决策点时，舰艇改造文件中的保障技术文档应该足够详细，以支持关键设计的检查。只有在第Ⅳ阶段获得授权后，改装安装工作才能开始。

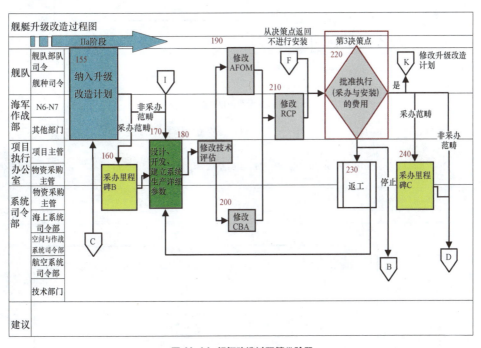

图 11-14 舰艇改造过程第Ⅲ阶段

第Ⅳ阶段为执行阶段。该阶段的主要目的是完成舰艇改造的先期规划，关注舰艇改造的不同设计方案。这一阶段包括最终设计（包括舰艇检查、图纸、技术安装建议）、启动采购工作、预安装检验和测试、安装评估和风险评估等。在这一阶段需要提交的文件或进行的工作包括舰艇安装图纸、综合后勤保障、预安装检验和测试、风险评估、准备安装文件等。在第Ⅱa或Ⅲ阶段获得第3决策点的批准后，第Ⅳ阶段的经费将纳入改造计划的预算。

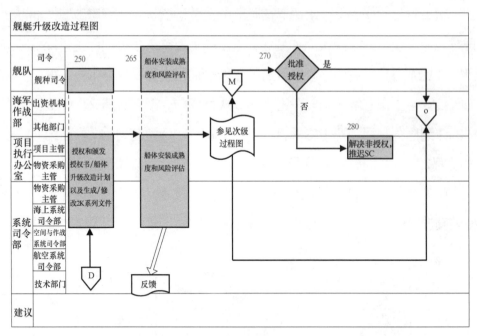

图 11-15 舰艇改造过程第Ⅳ阶段

第Ⅴ阶段为安装、检测和反馈阶段。该阶段的主要目的实施舰艇改造，为未来的改造决策提供反馈意见。由于改造安装过程不同，这一阶段可能发

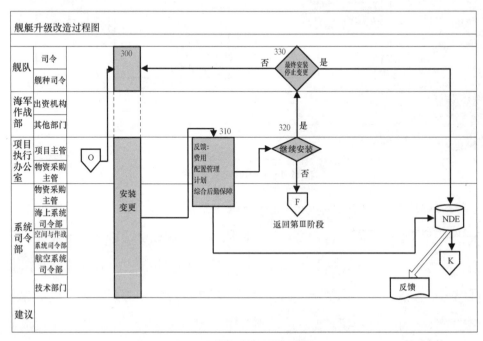

图 11-16 舰艇改造过程第Ⅴ阶段

生在舰艇改造过程的第Ⅳ和Ⅴ阶段。从每个安装过程获得反馈意见将用来更新和简练技术信息和安装费用估计。一旦所有规划的改造安装已经完成，并提供了反映最终安装的反馈数据，这一阶段和舰艇改造宣告完成。在这一阶段需要提交的文件或进行的工作包括返回费用报告、后安装检测与测试报告、交付综合后勤保障产品、改造完成报告等。在第Ⅱa或Ⅲ阶段获得第3决策点的批准后，第Ⅴ阶段的经费将纳入改造计划预算。

在这五个阶段过程中，共设置了3个决策点，来帮助做出决策。其中第1决策点处于第Ⅰ和第Ⅱ阶段之间，第1决策点的主要目的是使批准进入初步设计阶段；第2决策点处于第Ⅱ和第Ⅲ阶段之间，第2决策点的主要目的是确定/修改改造计划，继续设计开发过程，与出资单位确认预算中现有经费能否完成舰艇改造；第3决策点处于第Ⅲ和第Ⅳ阶段之间，第3决策点的主要目的是主要目的是确定/修改改造计划，继续物资采购和安装规划，与出资单位确认预算中现有经费能否完成舰艇改造。

美国海军通过这5个阶段和3个决策点，不断地进行论证和分析，规范舰艇改造的过程，确保舰艇改造能够顺利进行。

● 美国陆军现役武器装备改造典型管理流程

美国陆军现役武器装备的改造主要是按照美国陆军装备改造项目和再投资项目管理办法进行管理，但同时也必须符合美军和美国陆军制定的相关采办政策。根据美国陆军的《装备改造项目》文件，美国陆军装备改造项目的管理通常主要包括以下环节（见图11-17）：

（1）首先装备研发机构接收来自各方面的改造需求信息，并对这些需求进行评估。如果接受改造建议，装备研发机构就必须和作战研发机构共同评估这一建议，并决定是采用"装备方案"还是"非装备方案"。

（2）如果确定对装备实施改造，则不论是使用《工程变更建议》还是改造工作指令，装备研发机构都必须将所有的改动细化到组件中的部件级，此外还必须包括技术手册和软件用户手册升级、确定维修部件、互换性和替

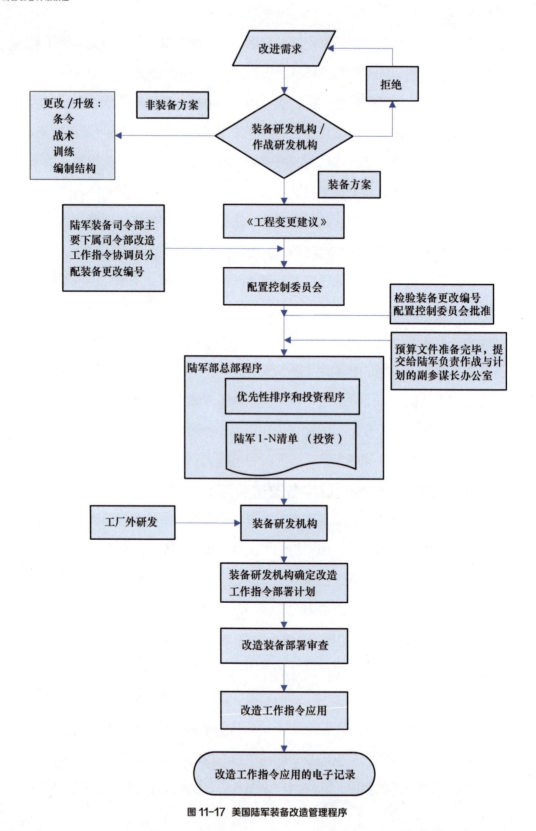

图 11-17 美国陆军装备改造管理程序

代品（I&S）系列结构和符合国防部 4100.39-M 指令的编码。

（3）为确保改造工作顺利实施，陆军装备司令部主要下属司令部的改造工作指令协调员必须为改造项目分配一个装备更改编号（MCN）。通常情况下，每一个改造工作指令都有一个自己的装备更改编号。有了该编号后，该编号将被报告给装备研发机构，并要求相关司令部给与一个改造工作指令编号。然后，装备研发机构将改造工作指令编号给原始装备制造商、承包商或陆军装备司令部主要下属司令部的技术官员，以起草改造工作指令。

（4）陆军装备司令部主要下属司令部的改造工作指令协调员对改造建议进行审查，以确保以下事项在改造计划中均得到了妥善考虑，包括：对相关训练手册和软件用户手册进行升级，并给予资金安排；管理计划必须包括从部队到维修与供应基地级别的零部件改进；资金需求；升级技术数据包；可互换性和可替代性需要符合 AR 708-1 号文件；有新的测试设备和工具；如果需要，可以获得升级的测试项目设施；软件和硬件改造必须进行协调，以确保双方不会互相影响；训练辅助设备、仿真模拟设备需要进行改进和升级；嵌入式设备的使用，包括嵌入式诊断、故障预测、测试和训练设备；环境影响；如果发现改造带来的弊端，陆军装备司令部主要下属司令部与装备研发机构协同商量解决方案。

（5）在第一套改造装备交付部队使用前，装备研发机构进行全面的检验和验证。检验和验证工作必须由分别负责平台、硬件和软件研制的装备研发机构协同进行。

（6）一旦获得资金，装备研发机构需要审查改造工作指令部署计划中任何需要集成的改造。改造工作指令部署计划是用户和装备研发机构之间关于改造工作指令应用的协调协议。改造工作指令协调员或部队会对建议的改造工作指令部署计划进行审查。批准的改造会被提交给陆军部总部。签署的改造工作指令部署计划将会成为改造工作指令应用的基础。

（7）各级指挥官将会辅助开发和提供所需的资源，以完成改造工作指令的应用。改造工作指令将只在陆军装备司令部主要下属司令部改造工作指令协调员之间应用。

（8）陆军装备司令部主要下属司令部改造工作指令协调员将会成立和掌管改造工作指令部署审查委员会，该委员会将负责批准最终发布的改造工作指令。

对于纳入"再投资"计划的装备改造项目，在正式开始实施前都必须有1个获得批准的能力文件，即《能力发展文件》，这份文件是在美军的《联合能力开发与集成系统》中明确规定的，是一份在项目采办程序启动前的需求分析和指导文件。由于美国陆军的"再投资"计划通常都要求由军队的维修供应基地与工业部门合作完成，因此在改造项目实施以前，还会要求项目经理与陆军装备司令部一起，制订一份关于在武器装备升级改造过程中，军队的维修供应基地与工业部门的合作计划。该计划需要由陆军装备司令部审查，并在项目实施过程中严格执行。

改造项目得到陆军采办执行委员会/陆军副参谋长的批准后，项目经理需要为每一个升级改造项目制定一份《再投资计划基准文件》（RPB），这也是"再投资"计划中装备升级改造项目管理程序中最重要的一环。《再投资计划基准文件》由项目经理制定，通过项目执行官递交给陆军采办执行委员会/陆军副参谋长审批，获得批准后才能正式生效。

《再投资计划基准文件》包括5部分内容：项目概述，项目投资，进度安排，系统性能和各部门之间的协调（军队维修基地，工业部门，测试部门）。项目概述是对该项目情况的总体描述，其中包括陆军采办执行委员会/陆军副参谋长批准的有关该项目的具体规定，例如接受升级改造的系统的数量、系统的结构配置、升级改造的内容等。项目投资部分描述了该项目的投资需求和投资计划，以及项目的单套采办成本。这些投资需求可以分为以下几类：使用与维修费用和研发与采办费用，维持系统技术保障（SSTS），零部件存储保管费用（COSIS），维修供应基地的运转费用（SDO），二次转运费用（SDT），生产后软件支持费用（PPSS），采购费用，研发测试与评估费用（RDTE）。其他任何与这份文件不符的投资和数量的决定，都必须明确标示，并给出解释。项目进度安排包括从项目开始直至结束，每年期望完成升级改造的系统的数量。系统性能指标由项目经理确定，它应能够反映出项目升级改造的效果。各部门之间的协调部分明确了工业部门的职责。在该文件中，项目经理必须对项目经理、军队维修供应基地和工业部门之间的现有或潜在的合作关系有一个简短的描述；项目经理必须列出已经与工业部门或军队维修基地签署的与升级改造项目（生产、后勤保障、技术支持）有关的合同或协议的类型，全部测试设备的清单和与其他合作伙伴联合测试的日期，以及军队维修供应基地和工业部门在协议中最重要的职责。

《再投资计划基准文件》被认为是管理陆军"再投资"计划中装备升级改造项目的基础，它可以为评判一个项目是否圆满完成提供历史记录，也可以为判断一个项目是否违背了陆军的再投资项目政策提供依据和基础。

美国陆军规定，如果项目在实施过程中出现调整和变化，则必须修改该项目的《再投资计划基准文件》，修改后的文件仍必须得到陆军采办执行委员会/陆军副参谋长的批准。美国陆军甚至对必须修改《再投资计划基准文件》的项目调整和变化进行了规定，包括：当项目进度超过原规定期限的6个月以上；项目费用超过原规定额的10%；任何一年接受改造的系统的数量发生改变。

此外，陆军成本与经济分析中心还会在项目实施的全过程中对项目的经费使用情况是否符合《再投资计划基准文件》的规定进行审查，必要时会要求项目组提供额外的数据以完成分析。

● **美国空军现役武器装备改造典型管理流程**

美国空军将升级改造项目分为两类：临时性改造和永久性改造。临时性改造是对用于飞行/地面试验或用于保障完成特定任务的系统所进行的更改，它利用现有的商用现货产品（COTS）和非研制产品（NDI）或库存单上的系统、设备、零备件和装备等，其典型情况是在部队所在地并用适当的资金完成升级改造。永久性改造是要变更产品技术状态的型态、配置、功能或界面，这类项目需获得投资或计划对其投资，其整体或有一部分要接受中央采办审批。

➤ 美国军用飞机临时性改造实施过程

军机临时性改造分以下两类：①临时性改造-1（T-1），是对产品构型进行更改以便执行特种任务，以及加装或拆除设备以提高执行特种任务的能力；②临时性改造-2（T-2），用于支持装备研究、发展、试验和评估（RDT&E）。

美国空军军用飞机临时性改造流程大致可以分为以下几个步骤：

（1）外场人员根据实际使用与维修情况，向主要司令部需求改进第一责任办公室提交文件（空军1067表格），如果主要司令部不是该武器系统的牵头司令部，则需要转给其他相关的负责司令部，然后主要司令部的第一责任办公室负责协调各司令部间工作。各牵头司令部的技术状态评审委员会协调司令部内有关的训练、供给管理、安全性、需求分析、预算等各级组织，对所有提交文件进行评估，确定其是否符合改进要求，或是否有其他备选方案，同时技术状态评审委员会还要确定方案的费用情况。当通过评审后，将提交文件再提交给空军装备司令部的单一主任。

单一主任开始跟踪所提议的修改建议，进行工程评审和调研。单一主任从可行性和改进所需费用角度建立评估和管理改造提案的综合产品组，如果改进配置项目数量大于5项，则需确定其是否属于临时性升级改造，多于5项时，如果属于T-1型，则要提交空军参谋部审批，空军参谋部没有批准，则需考虑是否要中止或者暂停项目；如果批准了，也和T-2型一样，提交到技术状态控制委员会和单一主任处。

单一主任和技术状态控制委员会对所有提交的项目进行评审，不通过的，终止或暂停项目，通过的，单一主任向牵头司令部提交所需的审批文件，从此，牵头司令部变为项目发起者，重新推动项目进程；如果需要，牵头司令部还需向单一主任和主要司令部提交改进物理状态检查（PCI）说明和飞行许可证。

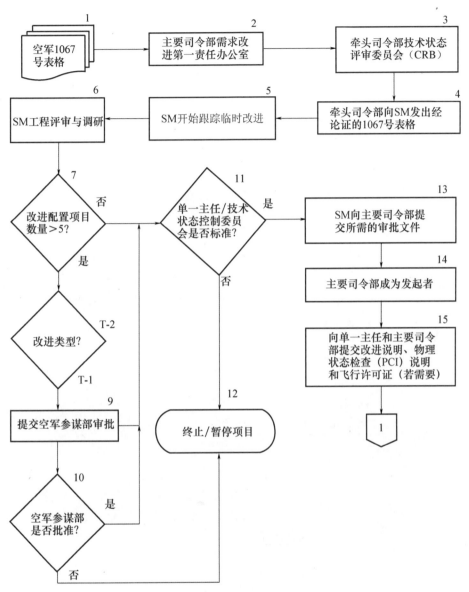

图 11-18 美国空军军机临时性改造流程 -1

（2）在上述基础上，牵头司令部确定项目属于何种临时改造，如果为T-2型，则直接对产品进行试验，改进产品构型在系统上的维持时间不应超过试验计划的需求，试验完成后恢复系统原装，临时性改造完成。如果为T-1型，在单一主任没有废止的情况下，T-1改造在1年内有效，有效终止期前60天，牵头司令部要确定改进是否依然有效，如果没有，系统恢复原状态改造完毕；如果依然有效，则需要继续论证，判定其是否应作为永久性改造项目进行，如果同意的话，则改填空军永久性改造文件，走永久性改造流程；如果单一主任批准放弃，同时牵头司令部也给予证明，则回归到临时改造 T–1 流程，继续实施 T–1 改造流程，重新确定改进期限；如果单一主任也放弃改进的话，那么系统恢复原状，升级改造完毕。

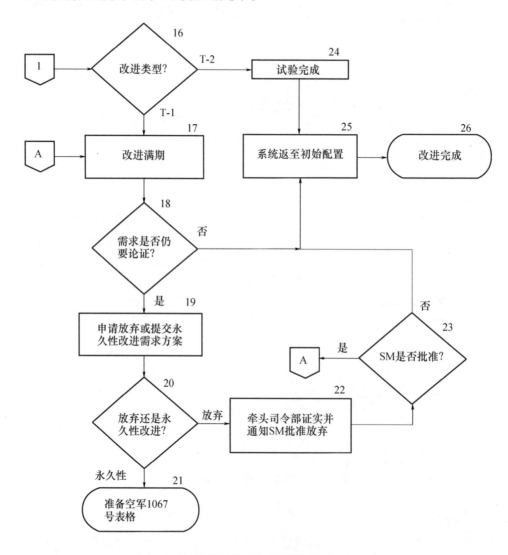

图 11-19 美国空军军机临时性改造流程 -2

➤ 美国军用飞机永久性改造基本流程

除了由于安全性问题以外，还有就是可以证明其有足够的剩余寿命，改造有很大的合理性，才能进行永久性改造。永久性改造有以下两类：①永久性（P）改造，这类改造是为了弥补装备缺陷，改善可靠性和维修性，提高性能以及增添或取消能力而做出永久性更改；②为了提高安全性（P-S）的永久性改造，P-S 类永久性改造用于改进装备，弥补可能危及人员安全或健康、造成系统或装备损失或严重损坏的缺陷。两类升改造采用相同的程序，但 P-S 类改造要比 P 类升级改造在投资和实施上处于最优先地位，所有 P-S 类改造均要在最短时间内完成以保证安全和有效的作战配置。

按美国空军的规定，产品经过最终升级改造之后，预计剩余寿命必须大于 5 年，才能规划、计划、预算和实施其改造流程。根据剩余寿命的多少，同时还要相应调整改造的审批、投资、采办和实施，单一主任负责及时获取相关信息文件以保证改造满足至少再服役 5 年的要求，而美国空军相关机构负责提供精确而及时的统计数据。

需要说明的是，至少再服役 5 年的规定不适用于某些联合改造项目，因为这类项目是围绕多个用户仍将考虑使用的平台而开展，所以没有必要将剩余寿命局限于 5 年。综上所述，空军部长如果认为该项目的改造可以给美国家安全带来极大利益，且以书面的形式通知国会与国防委员会，那么在与负责采办和技术的空军副部长沟通后，可以进入放弃至少再服役 5 年的规定的程序。

将美国国防部采办管理系统中项目采办管理系统与装备改造管理进行比较，二者的项目阶段和里程碑决策点设置基本一致，所以说，永久性改造均应按照采办项目进行管理。

在整个装备永久性改造管理过程中，各阶段都应满足"进入标准"，满足相应的里程碑决策与评审，进入到下一阶段。首先，在根据外场确定装备改造要求后，成立相关责任办公室和单一主任，严格确定进入到装备改造流程的项目；其次，在改造方案分析中，组建一体化产品小组，拟订初始费用、进度和预算文件，修订项目管理指南，完成风险评估及批次改进建议；第三，在预算授权和性能保证中，通过评审预算开支，得到国会批准，然后通过单一主任拟订、协调和发布采办建议，按试验与评价主计划进行试验活动；第四，进行全面的改进论证，修订改进建议，纳入到项目管理指南中，为实施改进奠定基础；最后，对改造项目技术状态基线进行修订，发布合同选项，用于实施升级改造。下面将详细介绍永久性改造项目的 5 个主要环节：

（1）外场人员根据实际使用与维修情况，向主要司令部需求改进第一责任办公室提交文件（空军 1067 号表格），由主要司令部需求改进第一责任办公室汇总升级改造需求信息，并将其交给牵头司令部技术状态评审委员会进行评估。牵头司令部技术状态评审委员会将确定是否需要该装备解决方案，并确定装备的改造能否解决这些问题。技术状态评审委员会一旦初评通

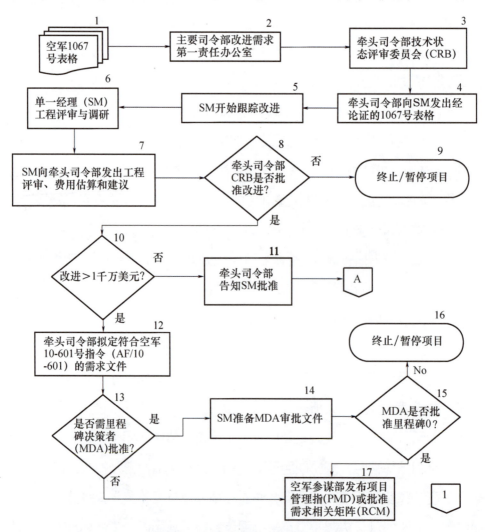

图 11-20 美国空军军机永久性改造流程 -1

过后，将改造申请递交空军装备司令部，并由单一主任进行工程评审与调研。单一主任综合产品组实施初步的可行性工程评估与调研，并向牵头司令部发出工程评审、费用估算和建议。牵头司令部技术状态委员会再次进行审批，如果项目改进费用超过1千万美元的话，还需经里程碑决策者进行批准是否进入里程碑0阶段，改造通过里程碑决策者批准后，牵头司令部负责拟订改造需求文件，空军参谋部发布项目管理指南或批准需求相关矩阵。

（2）单一主任组建一体化产品小组，由该小组拟订初始费用、进度和预算文件，并修订项目管理指南，报空军参谋部审批。一体化产品小组确定

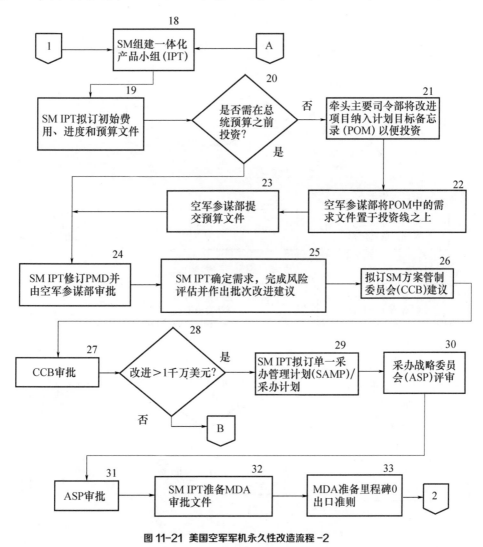

图 11-21 美国空军军机永久性改造流程 -2

需求，完成风险评估并做出批次改进建议，并交由技术状态控制委员会评审和批准。如果改造项目经费申请不超过 1 千万美元，空军参谋部可直接发布预算授权和性能保证；如果改造项目经费申请超过 1 千万美元，单一主任综合产品组必须拟订单一采办管理计划，交采办战略委员会评审。采办战略委员会评审通过后，由里程碑决策者进行里程碑的决策，是否通过顺利完成装备改造方案分析，通过里程碑决策点 1。

（3）当里程碑决策者批准通过里程碑决策点 1 后，相当于进入"技术开发"阶段。如果改造项目的经费需要在总统预算之前进行投资的话，牵头司令部还要申请非周期改进，由牵头司令部和空军参谋部判明投资源，空军参谋部控制投资源，等待国会批准。批准后，空军参谋部发布预算授权 / 性

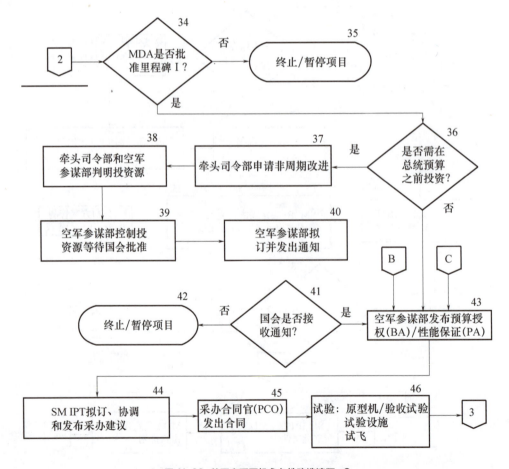

图 11-22 美国空军军机永久性改造流程 -3

能保证，然后通过单一主任拟订、协调和发布采办建议，发出采办合同，按试验与评价主计划进行试验活动。

（4）单一主任综合产品组根据试验结果修订采办建议，并将修订的采办建议交里程碑决策者审批。里程碑决策者批准通过决策点2后，进入到全面改进论证，相当于采办流程中"工程与制造研制"阶段。单一主任综合产品组根据论证结果，再次修订采办建议，提交里程碑决策者批准。里程碑决策者批准通过里程碑决策点3后，全面正式实施装备升级改造，相当于采办流程中"生产与部属"阶段。对升级改造项目技术状态基线进行修订，采办合同官发布合同选项，用于后续生产实施。改造可由多种形式完成，可在计

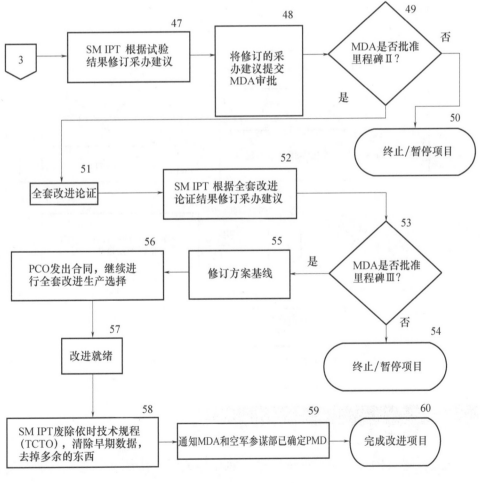

图 11-23 美国空军军机永久性改造流程 -4

划性基地维修中完成，也可在批次升级中完成。

（5）如果在永久性改进流程中发生计划性变更，那么就需要单一主任和产品综合组准备原始变更建议书和合同，如果在项目管理指南中出现对于费用和进度方面的变更，就需要向技术状态评审委员会提交修订的评审文件，在此文件基础上，单一主任和产品综合组联合牵头司令部与空军参谋部共同确定修订相应的 P3A 预算文件，至此，完成计划变更全部评审与管理过程，回复到正常的改造流程中。

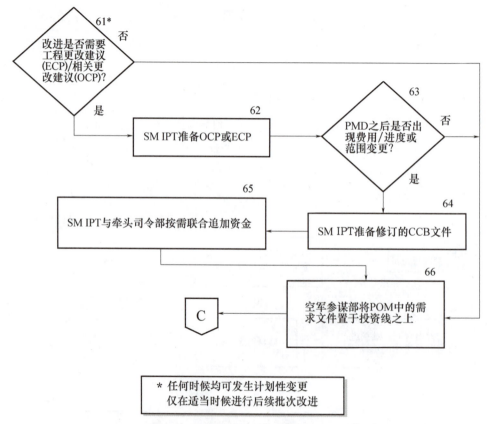

图 11-24　美国空军军机永久性改造流程 -5

第五节　武器装备升级改造的措施

　　除了建立相应的组织管理体系、制定相关的升级改造管理流程外，为促使升级改造能够成为推动武器装备建设的重要力量，持续地提升武器装备的作战性能，各国也从宏观政策、经费支持、技术标准等方面积极采取了一系列的措施，确保升级改造能够贯穿武器装备发展全过程。

1. 采用渐进式采办策略，升级改造融入研制全过程

美国国防部在 2000 年修订的 5000 系列采办文件将渐进式采办作为满足国防需求的优先采办方式，并在 2003 年修订的 5000 系列采办文件中，进一步明确渐进式采办方式的优先地位并完善了渐进式采办的实施方式。

> 美国国防部将渐进式采办方式定义为："基于经相关环境验证的技术、阶段性的需求和经验证的制造或软件部署能力，在较短的时间内定义、开发、生产（或购买）和部署首批软、硬件（或模块），提供 60% ～ 80% 的最终作战能力，后续批次产品采用成熟的新技术，不断改进武器系统，陆续提升作战能力"。

与传统的一步到位的发展模式相比，渐进式发展模式强调交付给用户的最终能力分为多个阶段（每个阶段可能数月甚至数年）来实现，每个阶段都将提升能力，从而大幅度降低技术风险和研发费用。与美国 60 年代末推出

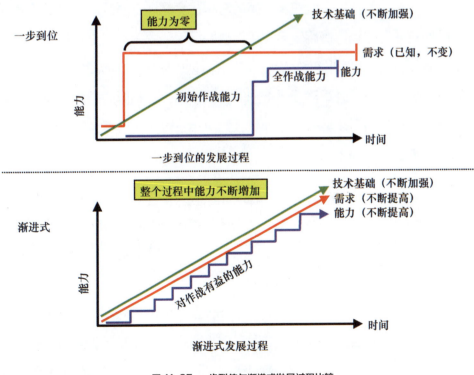

图 11-25　一步到位与渐进式发展过程比较

的"产前预筹改进"制度（P3I）相比，后者强调为装备预留服役后升级改造的余地，而渐进式采办更加强调把升级改造融入到装备研制过程中，通过"检验—反馈—改进"的动态过程，使装备的性能不断改进和完善，始终保持装备的先进性。而且渐进式采办能够有效控制系统的研制风险和研发成本，加快新技术和新系统的应用速度，使研制商对装备的不足和能力空白始终保持敏感。现在美军一大批新研装备执行了渐进式采办制度，如F-22战机、"弗吉尼亚"级核潜艇、CVN-21航母、"陆地勇士"作战系统等项目。美国的渐进式采办策略已逐渐为世界各主要各国所接受，目前英法等军事强国已效仿美国推进渐进式采办方式，其实质是对形成初始作战能力的新装备实施升级改造。

2. 权衡效费比，突出重点对现役武器装备实施升级改造

现役武器装备是否值得改造以及如何利用有限的资金取得最好的改造效果，是各国实施升级改造前需要考虑的问题。为回答这些问题，外军都会作出全面的评估，来帮助作出决策。美国海军在全面评估后认为，"斯普鲁恩斯"级驱逐舰因为运行费用较高，且作战系统改装或者现代化改造的余地不大，决定不对"斯普鲁恩斯"级驱逐舰进行现代化改造，从2002年开始全部退役该级驱逐舰。外军甚至还提出一些科学的计算和评估方法，通过对某一类装备的改造进行定量分析和计算，为决定是否对该武器装备进行升级改造以及如何进行升级改造寻找依据。

> 美国陆军分析中心构建了一个数学模型，通过输入在某一时间内的装备数量、每套装备的改造预算、每套装备每年的使用和保障费用等参数，可以基本确定该装备最具效费比的改造方案，可以知道什么时候开始对装备实施改造、改造多少，以实现该装备全寿期费用的最小化。

尽管对现役装备进行升级改造投入的经费较新研装备低很多，但也需要突出重点，对那些具有较大改进潜力或改造后能够弥补作战能力空白的武器装备进行改造，才会产生较高的消费比。为了将有限的改造资金用到最需

要的地方，美国陆军采取了"保证重点部队的重点装备"的策略，最初选择31种装备作为升级改造对象，经过艰难的取舍，到2002年确定了"爱国者"防空导弹系统、"阿帕奇"武装直升机等17种对保持美国陆军战场优势有重要意义的武器系统进行升级改造。在2007年，美国陆军选定实施改造的装备重点再次削减到"艾布拉姆斯"主战坦克、"布雷德利"步兵战车、高机动多用途轮式车辆、"爱国者"防空导弹以及"阿帕奇"武装直升机5种。

3. 保持持续有效的投资，促进武器装备有计划地升级改造

任何事物都是矛盾的统一体。在武器装备发展过程中，升级改造和新研新制两者是相辅相成的关系。而在费用开支上，两者却是此消彼长的关系。在经费有限情况下如何调配新研新制和升级改造之间的费用矛盾，是武器装备建设必须要解决的问题。从各国武器装备建设实践来看，尽管面临着武器装备研制和建造成本不断攀升的局面，各国还是每年从有限的经费中划拨出一部分用于支持武器装备的升级改造，确保升级改造项目有计划进行，尽量使升级改造能够与新研新制协调统一地向前推进。

表11-1 2003—2011财年美国陆军装备改造费用统计

单位：亿美元

年份（财年）		2003	2004	2005	2006	2007	2008	2009	2010	2011
总采购费		125.02	146.94	130.57	281.95	286.81	315.87	401.51	382.19	321.2
改造费	飞机	17.7	15.42	17.84	19.49	29.4	28.83	23.05	23.41	24.68
	导弹	2.4	2.75	1.27	2.34	1.8	7.68	6.7	1.44	1.58
	武器和战斗车辆	8.73	5.73	5.59	17.32	24.6	22.32	21.6	16.15	24.38
	合计	28.83	23.9	24.7	39.15	55.8	58.83	51.35	41	50.64
改造费占总采购费的比例		23%	16%	19%	14%	20%	19%	13%	11%	16%

（数据来源：美国陆军部2003—2011财年预算概要）

表11-1所列为在2003—2011财年的9年美国陆军装备升级改造费用，从表中我们一方面可以看出美国陆军平均每年用于装备改造的费用占装备

总采购费用的 16.7%，其中，有 2 年的装备改造费占到了装备总采购费的 20% 以上。另一方面，多年来，美国陆军不但每年拿出了相当一部分装备采购费用于装备改造，而且这种投资保持了连续性。

表 11-2 所列为美国海军 2001—2006 财年建造及改装费用。从表中我们可以开出美国海军近些年对舰艇升级改造的费用呈现波动状态，主要是因为升级改造的对象不同费用也不相同，但总体上升级改造的费用能够占美国舰艇建造与改装费的 10% 以上，有些年用于升级改造的费用甚至超过 20% 以上。在这六年当中，美国海军平均花费在舰艇升级改造费用占到舰艇建造与改装费超过 13%，不仅表明美国海军用于海上武器装备升级改造的投资保持了持续性，并且还保持相当高的比例，确保了海上武器装备升级改造有计划地顺利地进行。

表 11-2　美国海军 2001—2006 财年建造及改装费用

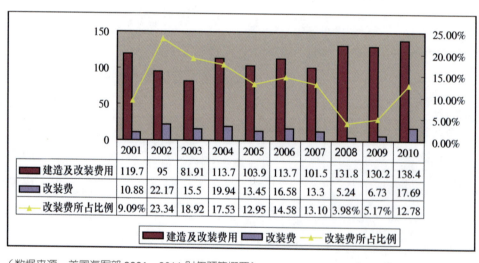

	2001	2002	2003	2004	2005	2006	2007	2008	2009	2010
建造及改装费用	119.7	95	81.91	113.7	103.9	113.7	101.5	131.8	130.2	138.4
改装费	10.88	22.17	15.5	19.94	13.45	16.58	13.3	5.24	6.73	17.69
改装费所占比例	9.09%	23.34	18.92	17.53	12.95	14.58	13.10	3.98%	5.17%	12.78

（数据来源：美国海军部 2001—2011 财年预算概要）

各国在面对升级改造与新研新制费用难以调和的情况下，有时甚至不惜削减新研新制项目的费用，也要首先保证升级改造的费用。例如，美国陆军为了保证现役装甲装备升级改造计划的实施，甚至将正在重点发展的未来战斗系统（FCS）项目未来 6 年内的预算削减了 34 亿美元，以平衡这种经费需求。

4. 设立专门研发经费，为针对升级改造项目的技术研发提供支撑

这一点在美国表现得尤为明显。在美国国防部的研发预算（即 RDE&E 预算）中，专门设立了装备升级改造的研发费用，即预算科目 6.7。按照《美国国防部财务管理规章》，该科目预算用于支持针对"已部署的装备或已批准大批量生产并预期在本财年或下一个财年获得生产费用的装备的升级"。这项预算在美国国防部 RDE&E 的 7 个科目预算之首，21 世纪以来，每年占 RDE&E 总预算的比例大约在 32% 的水平上，2005 年以来每年都超过 200 亿美元。图 11-26 给出 2001 至 2009 财年美国国防部 RDE&E 总预算及科目 6.7 的比较。

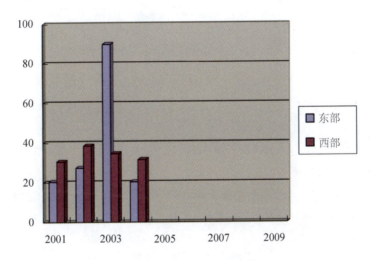

图 11-26 21 世纪以来美国国防部用于装备升级改造的研制费与 RDE&E 总预算比较
注：图中数字单位为亿美元。其中 2007 年以前为决算数据，2008 年和 2009 年为预算数据。

5. 采用开放式体系结构，从技术途径上保障武器装备持续升级改造的要求

开放式体系结构主要体现在电子信息系统方面。由于电子信息系统更新换代速度快，成为武器装备升级改造的重点内容。开放式体系体结构可以只需修改或者变换某个系统模块，在不需要对系统的整体构架进行重新设计的情况下，速植入标准或通用的设备和技术，具备良好的可扩展性，升级改造

更加容易，费用更低，从而使武器装备具备了几乎可以与技术发展节奏同步的螺旋式发展的潜力。基于此，美欧已经将开放式体系结构视为解决武器装备特别是电子信息系统持续发展的主要技术途径。一方面，在新一代电子信息系统上大力推行开放式体系结构，以便于武器装备具备持续升级能力。例如，美国波音公司提出了一种用于多平台的开放式航空电子系统方案，可以让飞机服役后具备方便地植入新技术的条件，使现役飞机升级改造具有良好的可承受性，从而持续保持飞机的技术先进性，并产生新的作战能力，满足新的军事需求。另一方面，不惜耗费巨资对现役电子信息系统进行大刀阔斧的改造，将以前封闭式的体系结构改造为开放式体系结构，节省武器装备全寿期升级改造费用。例如，美国海军从2003年开始使用开放体系结构替换驱逐舰和巡洋舰上专用代码的"宙斯盾"系统。目前，美国海军每年需要花费数十亿美元对"宙斯盾"作战系统的专有软件进行升级。尽管将"宙斯盾"系统转变为开放式体系结构费用不小，但从长远来看还是可以为美国海军节省数十亿美元的升级费用。

> 据美国海军估计，采用开放式体系结构的"宙斯盾"系统可每年节省升级费用约10亿美元，约为现役舰艇每年软件升级费用的50%。因此开放式体系结构被美国海军认为是节省舰艇升级费用的重要方法。美国综合作战系统项目执行办公室（PEO-IWS）主任汤姆·布什将军称"开放式体系结构对于海军而言是一条正确的道路，我们将坚持走下去"。

作为美国海军电子信息系统集成主承包商的洛克希德·马丁公司则根据美国海军要求，为开放式体系结构建立商业标准和协议，并有望将开放式体系结构逐步推广到全部水面舰艇和潜艇上。

6. 走模块化、通用化发展道路，从设备标准上满足武器装备持续升级改造的要求

模块化、通用化是指按照统一的规格和接口，将武器系统的构成部分设计为标准化的模块，使它们通用于不同平台和系统。以此为前提，一方面促

进了武器装备分系统、设备、软件等得以不依赖特定的武器装备独立发展，加速了新技术、新概念向武器装备转化的进程，有利于缩短特定的武器装备的研制周期，降低研制费用。另一方面方便了升级改造，使得升级改造时，只需对特定的模块进行更新、替换，牵涉面小，从而使升级改造具有最大限度的灵活性，有利于新技术的植入。为此，美欧在大力推进武器装备的模块化、通用化，从80年代末就开始对通信装备的模块化设计给予了足够的重视。

1997年7月31日，美国国防部为软件无线电的开发制定了"可编程模块化通信系统（PMCS）的指导文件。其核心思想是将软件无线电与模块化相结合，既能与传统计的通信系统互通，又能通过升级来满足新要求。战斧巡航导弹堪称模块化设计、零部件通用化设计制造的典范。战斧巡航导弹的模块化设计，是用互换性强的通用化部件、对接面或连接模数可控的分系统，设计成多用途系列化导弹武器。

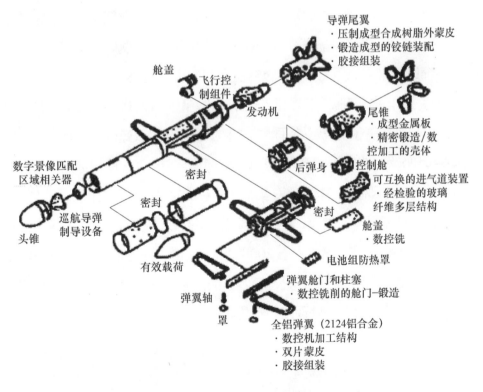

图 11-27 战斧导弹舱段模块化

俄罗斯也采取相应的作法。如俄陆军在老装备改造中采取的最有成效的方法是，对电子设备采取"总线—模块化"设计，将电子设备做成能与公共信息总线接口的各种功能模块。更换过时的电子设备时，只要安装上新的模块，便能使武器的战斗性能得到更新。同时，也可以根据订货方的不同需求，开发相应的改进型号。

7. 普遍采用现成民用技术与设备，大幅度降低武器装备升级改造的成本

当今，在不少领域民用技术和产品的发展和更新速度已经远远超过了专用军用技术和产品。而且民用技术和产品因其大规模的工业化生产和广泛的用户检验，而使得技术的稳定性以及产品的质量和可靠性得以保证，价格在不断地降低，标准化的范围和深度不断增大。现成民用技术与产品的应用，不仅可以降低武器装备升级改造的成本，也提高了武器装备的通用化和模块化水平，缩短武器装备升级换代的周期。为此外军在武器装备负载特别是电子信息装备升级改造中普遍采用现成民用技术和产品。例如，美国全球指挥控制系统最初采用专用的 UNIX 服务器与客户机，后来广泛采用 SUN 公司的 Solaris 操作系统的服务器、工作站，以及基于 Windows 的 PC，并经过多次升级，既提高了系统的处理能力，又降低了升级改造成本。美国"超级大黄蜂" Block2 型也采用商业型软件工程环境（SEE），使得数据处理能力提高了 2 倍。特别值得一提的是，美国海军在 20 世纪末设立了一项名为"民用现成声学技术植入计划"，用民用声信号处理技术改造全部现役攻击型核潜艇的声纳系统干端，该计划于 2005 年结束。改造后的核潜艇声纳系统不仅可以方便地植入新的声信号处理技术，而且使得一艘潜艇的信号处理能力达到改造前全部核潜艇的处理能力总和。

> 美国舰载 AN/SPY-1 雷达通过不断引进 COTS 技术对其天线阵、信号处理机、收发组件以及控制器进行升级改造，使天线重量从最初的 5.44t 降到目前的 1.81t，雷达功率重量比大大改善，同时节省了舰船平台宝贵的空间，成本降低了 40%。